客房管理實務

曾慶欑 著

全華圖書股份有限公司

游序

　　80多歲啦！沒想到還有機會繼作者出版的「旅館經營管理」一書寫序之後又能為這本「客房管理與實務」出書暢所欲言。

　　從2000年開始至今，在我先後受邀四所大學研究所兼任教授與講座教授期間，每學期我都會安排研究生，到劍湖山世界所屬的兩家五星級飯店住一晚，為的是聆聽他一場從觀光旅館經營管理到整體旅遊產業發展的前瞻與實務的專題講座。同時參觀包括客房管理在內的價值鏈現場實務標準作業流程。我始終很喜歡在研究生選修作品之前先認識作者這個人，感受他領先觀點的內在本質與創新思維的性格力量。

　　最近兩年，我因退休後立即被兩岸科技業者說服，投入一項「當科技研發遇見藝術創作」的經典策展系列活動規劃小組召集人時，有機會深入中國大陸以「一帶一路」連結全球64國沿線與輔線各大城市，承擔有關傳統舊城市的重生再造與新型城市智慧化與旅遊化的都市更新提案。為求好心切，每週我都會以一至兩次刻意到耐斯王子大飯店七樓用餐的機會與作者曾總經理深切對話，其中有兩句建言，至今受用不盡：「旅館是觀光客對這個城市的記憶，要把握住在地特色國際化與國際資源在地化，貼近這個城市的歷史內涵、文化深度、人文藝術、自然生態與產業特色的能量，才能形成優勢差異，出類拔萃。」、「以旅館場域與設施作為共享經濟的創意平台，尋求新產業、新市場、新機遇，聚集使用者與供應者的供需資源，對接出一場投入最少、產出最大、方法最簡單，展演出搶先、創新、搶鮮的整合性活動魅力行銷。」。

　　例如：曾總經理在多年前就開始推出的「婚紗專案」活動，就是以旅館大型喜宴餐廳，廣邀所有與婚紗相關的幾十種業者提供產品，並免費招待各大產業的未婚秘書參與，聯誼出了一場非常成功而又充滿了溫馨幸福的盛會，贏得了業者得意、賓客滿意、旅館獲利，再加上第二天媒體造成的口碑，不但滾動出新增的顧客關

係、品牌力的延伸、增進協同效益，也將抽象創意建構的智慧財，轉換成資本財的新價值。

這兩句獨特的觀點，一再引發了我在「一帶一路」發展全域旅遊與驅動智慧城市旅遊化的創新構思上，出現一個接著一個充滿創新想像。以創意規劃出具有「原真性與原創性的在地特色」運用文創美學產業化，並重新詮釋「文化城市與城市文化」和「文化旅遊與旅遊文化」，以及為全域旅遊注入有效發展的新元素與新機制。加乘了我多次提案的評價與勝出。

曾總經理的能力出眾，就出自於他源源不絕的優秀點子和到位的執行力。最可貴的是他善於活用累積 40 多年來在「產官學研」學經歷的高度視野，和能以人緣取代人脈和一源多用的寬廣格局，以及歷經兩次大型開發案從「0 到 1」，從無到有的創意規劃，以及從「1 到 100」，將自己的有限，成就出企業無限的加值發展。全方位的歷練，經常能將痛點變成亮點，有亮點才有賣點，把一手爛牌竟可打成贏家的重要籌碼。

記得在 2000 年前後，劍湖山世界最風光的 15 年間，身為專業經營者，都必須親自接待來訪的高官貴人，就觀光產業的發展常有接受諮詢並為國舉才的建議空間。沒想到在靜寂 10 多年後的最近，竟然又有機會，邀我寫了一篇長達 5000 字的專文，為目前觀光產業不振提出建言：「我特別強調：唯有找對的人，坐對的位子，做對的事，把對的事做強做好，把效益做到極大化」。

我特別舉出了游錫　就任行政院長時，把部會次長級的觀光發展推動小組，提升為部長級的委員會，親自擔任召集人，也親自編訂了觀光客倍增計劃的戰略藍圖，同時充分尊重推動發展的兩大推手 ─「觀光局長」與「觀光協會會長」的專

業領導，不分黨派，完全授權。嚴長壽先生和我就是代表產業界的委員和成員。就在他任內，將兩岸從冰點驟升到開放自由行，實現了觀光客倍增計劃，為產業帶來一遍榮景。

我特別提到，除了找對的領導，也希望能從產業界尋求對的戰將，有計劃培植並儲備成為未來對的帥才。我在文中提出了 10 位人選，其中兩位具有博士級的蕭柏勳教授與曾慶欑總經理。

很期待在你開始深入閱讀本作品時，先熟識作者的出身背景，才能更珍惜作品中是多少知識、常識、膽識與學識精煉出來的黃金智慧。並且從作者的風範，領會出「資源有限、智慧無窮」與「一專多能、一源多用、一品多元、一人多工、一通百通」的智慧心法。

劍湖山休閒產業集團副董事長

游國謙　謹識

自序

　　30 年前雲林斗六市一個鄉下小孩家中以農為生，因為六畜興旺生活不至於飢寒交迫，國中時期每天下課後飼養六畜家禽，趕牛吃草，晒稻穀及釣青蛙抓泥鰍…等等。高中負笈他鄉就讀台中二中，有位很要好同學家中經營旅館，常常課餘之暇到同學家作客，就這樣大學聯考約好填寫了相當冷門的觀光科系，當時大學很少有觀光系所，從此走上觀光產業這條路。作夢也沒想到 30 年後的今天，台灣觀光產業蓬勃發展，政府積極推展觀光產業。目前大學院校已有 100 多所以上有相關觀光產業科系。

　　1982 年考入台北國賓大飯店從櫃檯接待員開始，經歷了 18 年旅館各部門之歷練，也見證了台灣旅館之興衰，當時從二、三家五星級旅館到目前百家齊放，歷歷呈現眼前，1998 年承蒙劍湖山世界經營高層之疼愛，轉戰雲林古坑回鄉負責籌設劍湖山王子大飯店，三年後開幕時更結合舉辦古坑咖啡節打響名號，可說見證了劍湖山世界之全盛時期。旅館經營與管理，是人力與資金密集產業。從 1956 年起，政府鼓勵興建國際觀光旅館，台灣觀光協會成立起，一直到 1964 年才有國際觀光旅館成立，故宮博物院也於這個時期開幕。然而於 1974 年時期又碰到能源危機停滯時代，政府禁建，稅捐、電費大幅調高，旅館興建幾乎停擺。

　　後來又到了 1980 年之後，來華旅客突破 100 萬人次，又因台灣經濟逐漸起飛，股票上漲，國際性連鎖旅館陸續進駐台灣，也由於政府實施週休二日緣故，度假旅館從此蓬勃發展，人民所得提升、重視休閒時代正式來臨。經營旅館首重行銷與人力資源整合，人對了一切就對了，服務態度決定一切。

　　旅館販售的是環境、設備、餐食、服務、氣氛與安全，營運中有關住房率、平均房價、住客來源、收入結構、平均產值、食物成本…等等均是影響因素，其特質是鉅額資本進入障礙，地理位置重要，地點取得不易，經營技術容易被模仿、外溢性高，先進者並不必然因累積經驗而降低成本、且顧客忠誠度高。

　　至於管理方面交通、人力流動、專業人力缺乏、供應商議價能力及異業競爭者越來越多，對情緒勞務產業領導統御更加困難，而且關鍵成功因素，是要首重顧客要求的全套服務內涵，塑造優秀企業文化、快速回應並滿足顧客需求，做到 3 個 S 的服務概念，也就是速度（SPEED）、微笑（SMILE）、（SINCERITY）。並且要建立內部及外部顧客溝通管道及完整的品質控管規劃及控管制度、提升高智慧人力資源，強化合乎禮儀服務及信賴度。

　　近 30 年從事旅館服務工作，早已將工作當成生活。旅館是社會生活縮影，旅客生長環境不同，其需求也不同，從事旅館工作必須注重每一件生活細節，永遠滿足客人需求，做到超出客人預期之滿意行銷、感動行銷。在體驗住宿及餐飲中得到滿足樂趣，進而達到重遊率，設法做到市場區隔、創造特色，凝聚員工向心力，創造利潤。

　　倉促成書，仍無法呈現旅館行銷創意及顧客多元化所需，希冀先進者不吝指教，也要感謝多位良師益友鼓勵，希望藉由個人多年在旅館工作經驗，撰寫成書。因為筆者曾從事大學教職，瞭解學術界對旅館經營面、業務面及實務面之不足，但願對莘莘學子有所助益。

　　　　　　　　　　　　　　　　　　　　　　曾慶攢　於嘉義

目次

本書架構指引

第一章
認識旅館產業

在進入客務管理的課程之前,本章先介紹旅館的概念,經由基礎概念至學理與實務的建構,提昇對客務管理的認識。內容涵蓋旅館的特性、各類型的定義、各時代旅館的發展、旅館的產品服務及其功能,從而建立對旅館的基本概念。

學習目標
1. 了解旅館的定義、特性與類別。
2. 了解旅館業的發展史。
3. 認識旅館的功能與產品服務。

章前概述+學習重點
章前引導及學習重點條列整理,讓讀者對章節內容有初步概念,不會看的一頭霧水。

二、旅館功能之外的認識

　　現在的旅館除了提供休閒的功能,這幾年還多了很多創意及優雅,有些旅館其至推出不同主題或有趣的情境,幫助旅客們消除疲憊,並滿足其想像空間。旅館除了住宿,還包括商店購物街、餐廳、公共服務區域、行政空間、休閒娛樂設施、開放空間、公園綠地等。不但提供如家一般的舒適溫馨,也推出了主題式設計的飯店,尤其自 80 年代末期,國際旅遊家愈來愈多,許多旅館因應其品味要求,也開始追求精緻化、獨具特色的潮流,如台北市光復南路的國聯飯店,原本是一家老飯店,為了重新出發,因此費心規畫,決心以設計旅館再出發,因此邀請台灣知名設計師陸希傑老師重新規劃,成為了極簡主義風格的旅館,使旅館變得簡約又極具舒適,且加入了國際 Design Hotels 組織,後來果然成為潮流的領導者,直至近來仍營運良好。(圖 1-11)

圖1-11　國聯飯店使旅館變得極具舒適

客房小達人
1. 現代的旅館業均以_____、_____經營,除了提供旅客住宿休閒功能外,也包含多種附屬設施。

2. 自80年代末期,國際旅遊家愈來愈多,許多旅館因應其品味要求,也開始追求_____。

3. _____消費已然是一般大眾生活的部分。

4. 以家庭經營的形式,提供旅客鄉野生活的住宿場所的型態稱之為_____。

5. _____是臺灣特別的一項旅館產業,以娛樂性質為主。

24

客房小達人
針對每小節內容的填空測驗,可快速檢驗讀者的學習成效,解答統一放於本書附錄中。

　　基於旅館的種種特性,故旅館經營除需具備安全舒適的硬體設施、衛生的餐飲外,也要能使旅客享受賓至如歸的服務為首要,更重要的是,總是站在第一線服務旅客的客務部人員,應了解其特性,充分發揮自己的服務熱情,提供良好服務品質(圖1-6)。

圖1-6　站在第一線服務旅客的客房部人員,應了解其特性,充分發揮自己的服務熱情

客房沙龍
經營旅館就像辦雜誌
　　在 2014 年之前岩佐十良編了雜誌大半輩子,是日本知名雜誌《自遊人》的創辦人及總編輯,《自遊人》是受日本 50～60 歲民眾喜愛的生活風格雜誌。2014 年以後,他突然經營起旅館,在日本新潟縣魚沼創辦了溫泉旅館「里山十帖」,半年後「里山十帖 project」成為史上第一個以旅館形式獲選「優良設計百選(Good Design Best 100)」的參賽者,並獲獎無數、住房率高,甚至場場客滿,有人問岩佐十良經營旅館的祕訣,他說,把旅館當成媒體經營就對了。
1. 請試討論岩佐十良經營旅館的祕訣。
2. 2019 年是台灣「地方創生元年」請試討論岩佐十良經營的旅館與地方創生的關聯性。

客房沙龍
每章均附2～3篇時事分享與飯店名人經歷,且均附討論題,讓讀者有靈活思考的空間。

6. 知道重點。
7. 告訴對方你將如何處理
8. 溫和有禮貌
9. 慎保機密

八、總機與電話相處

好的通話品質，需要好的工具與工作環境，因此總機的工作桌擺設若能留意以下細節，將能有更好的通話效能（圖 5-4）。

1. 電話機應放置在座位的前方以方便拿。
2. 電話機旁不應放杯子或較高的辦公用品。
3. 電話機旁應放便條紙，以便記錄。
4. 筒處可以放置茶葉包或香料包。
5. 電話線不要捲曲成一團。

圖 5-4　接聽電話行為步驟

九、處理來電的禁忌

旅客來電時，需要有良好的應變處理能力，處理過程應避免以下禁忌，以免造成旅客的不悅，導致客源流失。

93

（三）打掃前注意

房務人員在打掃前，應先注意一些情況，以免不小心影響客人作息，造成旅客不便，因此打掃前應留意客房間狀況及養成進房前敲門與通報的習慣（圖 8-11）。

先了解房間狀況

☑ 空房
☐ 遷出房間
☐ 住客房間
☐ 長期客房間
☐ 貴賓房
☐ 故障房
☐ 遷入未宿

養成進房先敲門通報的簡慣

觀察門外情況→第一次敲門→門外等候→第二次敲門→第二次等候→開門→表明身分→進入客房打掃

圖 8-11　打掃前確認圖

（四）客房的清潔服務

清潔時需注意，眼睛可以看到的地方無污跡，手可以摸到的地方沒有灰塵，並保持房間優雅安靜及浴室空氣清新無異味，客房清潔要領如下（圖 8-12）：

1. 從上到下
鏡片、玻璃、傢俱的清潔

2. 由裏到外
碰試牆腳、必須由裏朝裏碰試而碰往外擦

3. 完璧循環
應先擦拭，後抹拭擦拭

4. 環形清理
物品依置放位置與房間地形有置，亦由以順時針或逆時針方向進行環形清理，以便免遺漏

5. 乾溼分開
在需抗隆傢俱品牌、乾布與溼布的交替與擦拭重複部分往來

6. 先髒後清擦拭
應先清理髒處，其後再清潔近窗

圖 8-12　清潔要領

163

特色插圖+模擬對話

書中附有豐富插圖，讓理論視覺化，化繁為簡，有助於讀者理解抽象概念和步驟流程等，更有旅館職務模擬演練的情節，與職場接軌。

第一章　認識旅館產業

得　分

班級：＿＿＿＿　學號：＿＿＿＿
姓名：＿＿＿＿＿＿＿＿＿

1-1　旅館的定義與特性

選擇題

（　）1. 所謂旅館是公開的是接待旅行者或外出者，向被服務的人收取金錢的一種機構，它與一般服務業不同，它強調？
　　（1）公共性　　　　（2）私密性
　　（3）隱敝性　　　　（4）多樣性

（　）2. 旅館有著商品及什麼特性，其特性影響著旅館的經營？
　　（1）多元特性　　　（2）獨特性
　　（3）經濟特性　　　（4）複雜特性

（　）3. 旅館是什麼產業，需擁有完善設備並經過政府核准的建築，且要為旅客提供娛樂的設施、住宿和餐飲的服務？
　　（1）創意的　　　　（2）多變的
　　（3）營利的　　　　（4）公益的。

（　）4. 旅館是什麼樣的服務產業，亦是人力與資金密集的產業，它多樣化且具多種層面問題及影響？
　　（1）情緒性的　　　（2）善變性的
　　（3）私密性的　　　（4）多元性的。

課後評量

書末附有可撕式評量，讀者可自我檢驗學習成效，亦方便授課老師批閱使用。

new york

paris

tokyo

bangkok

基礎篇

第一章　認識旅館產業

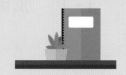

第一章
認識旅館產業

在進入客務管理的課程之前，本章先介紹旅館的概念，經由基礎概念至學理與實務的建構，提昇對客務管理的認識。內容涵蓋旅館的特性、各類型的定義、各時代旅館的發展、旅館的產品服務及其功能，從而建立對旅館的基本概念。

學習目標

1. 了解旅館的定義、特性與類別。
2. 了解旅館業的發展史。
3. 認識旅館的功能與產品服務。

1-1 旅館的定義與特性

所謂旅館是指公開接待旅行者或外出者，並向被服務的人收取金錢的一種機構，它與一般服務業不同，強調公共性，凡是一棟大廈或建築物，公開宣傳使其眾所周知，供旅客居住和飲食而收取費用，且在同一場所設有一間房間以上的餐廳或會客室，都可以被定義為旅館。旅客可以在旅館停留，而旅館可以收取費用，無需成文契約，只要支付合理的價格就可以享受其餐食、住宿以及當作臨時之家使用，並可附帶種種服務與照顧。旅館有其商品及經濟特性，影響著旅館的經營。（圖 1-1）

圖1-1　旅館重點三要素：安全舒適的硬體、衛生的餐飲、賓至如歸的服務。

一、旅館的定義

旅館是營利的產業，需擁有完善設備並經過政府核准的建築，且要為旅客提供娛樂的設施，住宿和餐飲的服務，它具有家庭性的設備，對公共負有法律上的權利與義務，另外旅館要求取合理的利潤，需具有明確，永久的性質。

除此之外，旅館也是一種非常古老的行業，在約 2 千年前就有客棧的存在，因它有大量、科學、專業等特性，慢慢演變成 20 世紀現代的一種旅館工業，隨著時代的變遷，在近幾十年來旅館加入了更多的創意性與個別性，因著個性與特殊性，進而發展成貼心產業；現代旅館亦提供各類型會議、社交、文化、資訊情報的場所。更讓旅客有賓至如歸、倍受尊重的無形感受。旅館的多樣性，包括經濟活動等各種層面，故旅館也被許多研究稱為產業。（圖 1-2）

圖1-2 隨著資本主義經濟的發展，豪華旅館因應而生，高檔藝術珍品成了家具布置，軟硬體設備品質更加講究。

二、旅館的性質

旅館是種情緒性的服務產業，亦是人力與資金密集的產業，多樣化的同時，卻也受其影響，其特色分述如下（圖 1-3）：

1. 人力與資金密集：旅館是一項人力及資金密集的產業，平均要 6 年才能回收成本。

2. 經營無持續性也無儲蓄性：旅館是種沒有持續性的生意，不像賣鞋子，賣不出去，明天可再拿出來賣，它是無儲蓄性的商品。

3. 是服務產業，也是藝術產業：旅館對於客戶而言，有著不同的意義，它可以是旅行者家外的家；對於某些人而言，它是一種綜合藝術產業，販賣住宿、餐食、氣氛、環境及安全的服務產業。

4. 情緒性勞動的服務行業：旅館的服務是種情緒性勞務，工作人員的工作態度決定一切，服務必須保有熱忱，使得顧客有賓至如歸的感覺，提供舒適住宿以及其他附屬休閒的各種服務產業。

5. 多樣化：現今的旅館不但提供住宿，並擁有餐飲、購物、娛樂、婚宴等綜合性的服務，因此旅館除了是公眾活動的場所外，尚受到經濟、社會、科技、政治法令、環境等層面的影響，其影響條列如下：

1.人力與資金密集
2.無持續性儲蓄性
3.是服務業，也是藝術產業
4.情緒性勞動的服務產業
5.多樣化

圖1-3 旅館的一般特性

(1) 經濟層面：經濟的波動間接影響民生消費，對旅館業產生深切的影響。

(2) 社會層面：社會發展超過人民需求，會開始形成一種社會意識型態，使國民旅遊興起、觀光活動的舉辦、民族文化多樣化。

(3) 科技層面：科技的進步對旅館業產生極大的影響，創造出新的服務、產品及商機。

(4) 政治法令層面：隨著環境變遷而改變，也是影響旅館業的重要變數。

(5) 環境層面：興建於山區、沿海地帶的觀光型旅館恐破壞生態，以及環保層面的問題，都會影響旅館的經營。

三、旅館的特性

旅館是提供旅客住宿、餐飲、會議、社交、娛樂等功用的場所，而旅館的主要商品是指客房，其他構成旅館商品的層面有「物的服務」、「人的服務」、「物的服務」和「資訊的服務」四種。

「物的服務」如建築物、硬體設備及餐飲；「人的服務」則是屬於無形的，如勞務、知識與技能；「資訊的服務」，如提供、文化、經濟、生活與娛樂休閒、商務資訊等服務。旅館特性有不可儲存性、僵固性、高成本、無形性、長期性、競爭性、地理性、風險性等（圖 1-4）。

圖1-4　旅館的產品可分為有形與無形兩類。

1. 不可儲存性：旅館業提供服務後，旅客必須當場接受服務，無法儲存以後再用，只要將商品留至隔天，就無法產生任何經濟價值。

2. 僵固性：如客房、桌席、硬體設施或人力，很難即時增加，其供給欠缺彈性之特性。

3. 高成本：旅館有三高，包括人事成本高、人員流動率高、能源成本高，都是造成成本難以控制的原因，也是許多旅館的經營困難之處。

4. 無形性：是一種看不見、聽不見，也嗅不出的服務，顧客必須在接收後，才能感受出其品質及價值。

5. 長期性：旅館經營的策略，只能著重在未來，很難對當下情境做出反應，因此必須長期持續發展，處理好當前利益與長遠利益之間的關係。

6. 競爭性：在市場上免不了有強力競爭者，激烈競爭下，在適者生存，不適者淘汰的法則裡，雖然進可攻，退可守，但總體上是競爭性的。

7. 地理性：影響旅館經營的關鍵在於地點，地理位置對旅館業經營成功與否十分重要，很多住宿業和餐飲業，因爲位處於適宜的位置，再加上適當的經營，而創造最佳的經營業績，從而成爲新的經典案例。

8. 風險性：旅館有著不可控制的外部環境風險，如天災；環境變化的不確定性如政治；旅館內集體加工訊息過程中，也有著非可控因素。

住房小禮品

集體加工訊息
對收集來的訊息進行辨識、確認後的過程。

9. 經濟性：旅館易具有「經濟特性」，它除了商品無儲存性、短期供給無彈性，有地理位置上的限制外，也隨著季節及需求波動。

10. 供需性：旅館也有「供需特性」，需求隨著季節及話題而引起變化，其供給特性則可稱它爲「服務」的提供，其產品有不同成分的結合。

11. 公用性：旅館規模大小會導致旅館業的實質內涵與特性產生，所需要的區位條件亦可能會有所不同。旅館除了其服務性外，也有「公用性」，主要任務是做爲集會的公共場所，並提供住宿與餐飲。

12. 無歇性：因旅館對大眾開放，任何人都可以自由進出。其全天無休的持續特性，也導致其「無歇性」。

旅館提供的商品內容包括，涵蓋了食、衣、住、行、育、樂等各生活層面，如環境、住房、設備、餐飲、服務、衛生、空間氛圍、安全等要素；社交、資訊、休閒、娛樂、健康、美容等功能，消費已是一般大眾生活的一部分，它提供繁忙社會中，人們追求休閒及享受假期的需求，而旅館也從舊時代的高級消費印象，成為普及平民的選擇，趨於休閒及普及性。（圖 1-5）。

圖1-5　由於臺灣人的國民所得提高，造成國民開始重視休閒生活的安排。

基於旅館的種種特性，故旅館經營除需具備安全舒適的硬體設施、衛生的餐飲外，也要能使旅客享受賓至如歸的服務為首要，更重要的是，總是站在第一線服務旅客的客務部人員，應了解其特性，充分發揮自己的服務熱情，提供良好服務品質（圖 1-6）。

圖1-6　站在第一線服務旅客的客務部人員，應了解其特性，充分發揮自己的服務熱情。

 客房沙龍

經營旅館就像辦雜誌

在 2014 年之前岩佐十良編了雜誌大半輩子，是日本知名雜誌《自遊人》的創辦人及總編輯，《自遊人》是受日本 50～60 歲民眾喜愛的生活風格雜誌。2014 年以後，他突然經營起旅館，在日本新潟縣魚沼創辦了溫泉旅館「里山十帖」，半年後「里山十帖 project」成為史上第一個以旅館形式獲選「優良設計百選（Good Design Best 100）」的參賽者，並獲獎無數、住房率高，甚至揚名海外，有人問岩佐十良經營旅館的訣竅，他說，把旅館當成媒體經營就對了。

問題與討論見附頁 P.1

客房小達人

1. 旅館除擁有完善設備，並需有_____的建築。

2. 旅館的一般特性有_____、季節性、地區性、無歇性、_____、豪華性、

   綜合性。

3. 旅館是一項_____及_____密集的產業。

4. 旅館有三高，包括_____高、人員流動率高、_____高，都造成成本難以

   控制，是許多旅館的經營困難之處。

5. 旅館的多樣化，受到經濟、_____、科技、_____、生態等層面的影響。

1-2 旅館的發展史

在東方社會中，旅館是從以馬代步的年代，客人出外住宿客棧，而客棧提供簡單食宿的模式開始發展的。在西方社會的中世紀時，因為人們前往教堂巡禮的風氣盛行，開始有 Hopitale 的出現，亦即供人住宿的教堂或教養院，可供參拜者住宿，發展成為今日稱為 Hotel（招待所）。由宗教信仰朝拜、接受熱忱餐飲及溫暖照顧的 Hospitale 熱忱服務，演變為現今旅館注重人性的服務（圖 1-7）。

圖1-7 日治時期招待所，現為嘉義民雄的古蹟

一、旅館的沿革

18 世紀末到 19 世紀中葉，隨著資本主義 (Capitalism) 經濟和旅遊業的產生與發展，休閒旅遊開始成為一種興盛的經濟活動，專為上層社會階級服務的豪華旅館因應而生，其特點是規模宏大、建築設備豪華、裝飾講究，並且供應精美食物，布置高檔家具，成為建築藝術的珍品；另外，旅館內分工協調明確，服務品質到位，以及分層負責管理，這些作法都促進了往後旅館優良的管理制度（圖 1-8）。

圖1-8 資本主義時期豪華旅館因應而生。

在 19 世紀末至 20 世紀年代，旅館因受工業革命的影響，逐漸演變爲商務型旅館，服務對象是一般平民及洽商人員，主要接待商務客人爲主，規模大但不豪華奢侈，實行較低價格，使客人感到收費合理，物超所值。旅館經營活動完全商品化，講究經濟效益，以獲利爲主。注意人事費用比率，平均員工產值，提高工作效益。

20 世紀後隨著市場需求，旅館類型多樣化，也由於科技時代來臨，配合網路行銷，訂房 (Hotel Reservation) 訂餐服務，使顧客使用更爲便捷，自由行也因而增加。並配合音樂、舞蹈、建築樣式、家具的設計等，使旅館事業已融入文化層次及藝術層次，變成了人們生活中的一部分，成了 24 小時運轉的小社會服務型態，方便了大家的生活。設備著重於國際會議及休閒活動的使用，經營方式更加靈活，使旅館走向連鎖經營、集團化經營才能降低成本，並且結合異業企業合作。因而產生了度假旅館、度假村、綠色環保概念旅館等類型（圖 1-9）。

圖1-9　2017年獲環保旅店的竹湖暐順麗緻文旅。

二、臺灣旅館的發展分期

東方古代的陸上交通工具爲馬匹，因而發展出驛站，除了有小屋子供旅客休息外，也有馬房讓馬匹棲所，這些客棧演變成今日的旅館。以臺灣爲例，旅館演化歷程又分爲九大階段：

（一）客棧時期（1942 ～ 1911 年）

清末民初的客棧形式，有如電影中常見的「龍門客棧」，這時期的客棧作爲經商旅客人士棲身地，提供簡單的住宿場地讓客戶清潔及休息。當時客源多爲小販，因此有「販仔的房間」（販仔間）的稱呼。戰後臺灣有些小旅社林立，人事組織單純，通常老闆兼伙計，這種小型態的旅館是民國初年產物。

（二）日治時期（1895～1945年）

日治時期，臺灣出現許多日式旅館，其名稱中多含有閣、苑、莊、屋等字彙，尤以北投溫泉區一帶爲多。在1908年臺灣鐵道飯店開立，臺灣出現第一家專業現代旅館，是日本皇族等大人物來臺投宿的地方。此時期的旅遊航線風氣，使得觀光旅館因應而生。

（三）傳統旅社時期（1946～1955年）

1949年戰亂時代，因人民生活困苦，只有小旅社經營。而政府方面，則出現著名的圓山飯店、臺灣鐵路飯店、涵碧樓等招待所，當時因動員戡亂，旅館大都是大眾浴室及日式房間，衛生條件不佳。

（四）觀光旅館時期（1956～1976年）

1961年政府宣布爲臺灣觀光年，並實施72小時免簽證制度。當時有綠園飯店、華府飯店、國際飯店、臺中鐵路飯店、圓山飯店等，政府鼓勵建立國際觀光旅館。

1964年臺北國賓大飯店由日本東急飯店，以及臺灣著名企業家聯合興建開幕，開啓了觀光旅館年代來臨，住客幾乎是日本旅客，當時還有中泰賓館（今改建爲臺北文華東方飯店）、統一飯店（已改建辦公大樓）及臺南大飯店陸續開幕。

1971年高雄圓山飯店開幕，1973年希爾頓飯店開幕（今爲凱撒飯店），使臺灣旅館正式邁入國際化新紀元，旅客大增，此時期爲臺灣旅館業黃金時期，梅花等級評鑑制度開始實施。

（五）大型國際觀光旅館時期（1977～1980年）

當時爲臺灣觀光熱潮，政府鼓勵有條件在住宅區興建國際觀光大旅館，並公布「都市住宅區興建國際觀光旅館處理原則」，以及「興建國際觀光旅館申請貸款要點」，在政府鼓勵下，臺北兄弟飯店、來來、亞都、美麗華、環亞、福華、老爺、高雄國賓等大型國際觀光旅館如雨後春筍般興起，來臺旅客突破100萬人次。

（六）旅館餐飲時期（1984 ～ 1989 年）

這個時期旅館生意競爭激烈，成本增加，來臺人數減少，但國民旅遊人數增加，正值臺灣經濟起飛，人民所得增加，餐飲消費能力大增，所以旅館業者開始引進國際美食，造成旅館餐飲收入超過客房收入。此時期有臺北老爺大酒店、臺北福華、力霸、臺中通豪、墾丁凱撒等旅館開業。1987 年政府修訂「觀光旅館建築及設備標準」開放觀光旅館的建築物，除風景區外，得在土地使用分區範圍內與百貨公司商場、銀行、辦公室等用途綜合設計共同使用基地，是為觀光業一大突破。

（七）國際連鎖旅館時期（1990 ～ 2008 年）

1990 年之後，國際著名連鎖旅館體系進入臺灣市場，並引進歐美旅館管理制度，有別於臺灣及日本市場管理制度，此時期的旅館有凱悅、晶華、西華、遠東、長榮桂冠、漢來、霖園等國際大旅館，後有威斯汀連鎖系統的六福皇宮飯店，引進大部分世界馳名的經營管理技術人才及觀念，使臺灣進入國際化連鎖時代。但因 2003 年 SARS 疫情，不只臺灣，整個亞洲地區旅遊及旅館市場皆受到嚴重衝擊。

（八）休閒旅館時期（1997 ～ 2010 年）

因臺灣經濟成長，國民所得提高及週休二日的興起，臺灣人對休閒活動的安排日趨重視，加上都會區寸土寸金，因而加速旅館積極布局休閒產業，以多角化，跨區經營方式拓展版圖。海邊、風景區及主題樂園均同時興建度假休閒旅館，休閒旅館造價低，因旺季房價高、回收快而掀起熱潮，此時期有溪頭米堤、花蓮美崙、天祥晶華、墾丁福華、劍湖山王子大飯店、遠雄悅來、花蓮理想大地、池上日暉國際大飯店、福容等休閒旅館（飯店）的興起。

（九）中國大陸客來臺時期（2010 年至 2016 年）

由於政府開放中國大陸人民來臺灣旅遊，帶來了大量陸客，住宿便成為其中一項頭痛問題，因大陸旅行團價格較低廉，無法安排臺灣較高星級的旅館，

臺灣鐵道飯店

臺灣鐵道飯店是一棟臺灣日治時期的旅館建築，位於今臺北市中正區，臺北車站對面，忠孝西路、館前路、許昌街、南陽街所圍街區內，大門入口面臨今館前路。建物今已不存，現址分別為新光三越百貨公司臺北站前店，以及 KMall 時尚購物中心。

故因應愈來愈多中國觀光旅客，臺灣民間興起改造舊型旅店及二、三星級旅館，重新裝修設計後參與營運，以填補短期所需。但為因應中國大陸人民大量來臺旅遊所創造的市場，將對旅遊市場造成深遠影響，也因此出現很多外行建築商所興建專業不足的旅館，以低價競爭，進而破壞市場機制，此狀況尤以嘉義縣市最為嚴重，其原因應為阿里山大量遊客導致。

（十）政府鼓勵南向政策、開發東南亞等其他市場（2016 年至今）

近年來因政治影響兩岸關係，使得陸客縮減，政府為了解決旅館觀光客源問題，推出「新南向政策推動計畫」，從「經貿合作」、「人才交流」、「資源共享」與「區域鏈結」四大面向切入，並針對當前觀光產業狀況及未來發展需要，除持續深耕既有的港、澳、日、韓等觀光客源市場外，也期待開發更多元的觀光市場，包括集中資源向東協 10 國，以及印度、不丹等共計 12 國行銷推廣，並擬定相關策略，包括簡化來台簽證、增補服務人力、結盟南向推廣、區隔客群行銷、增設駐外據點、友善穆斯林旅客接待環境、推動郵輪市場發展等面向。希望台灣成為「友善、智慧、體驗」之亞洲旅遊目的地。因此，政府以「創新永續，打造在地幸福產業」、「多元開拓，創造觀光附加價值」、「安全安心，落實旅遊社會責任」等目標，透過五大策略「開拓多元市場」、「推動國民旅遊」、「輔導產業轉型」、「發展智慧觀光」、「推廣體驗觀光」做為未來觀光施政方向。

住房小禮品

梅花評鑑制度

梅花評鑑制度乃是依據當時交通部觀光局的「發展觀光條例」規定所制定的，所有領有觀光旅館業營業執照的觀光旅館及領有旅館業登記證的旅館，均須受評。當時所謂的觀光旅館評鑑標準分為一般觀光旅館（評鑑 2 ～ 3 朵梅花）與國際觀光旅館（評鑑 4 ～ 5 朵梅花）

住房小禮品

旅館興建法規

民國 66 ～ 72 年來華觀光旅客突破 100 萬人次，因此出現旅館荒，於是政府在 66 年公布「都市住宅區興建國際觀光旅館處理原則」與「興建國際觀光旅館申請貸款要點」解決建築基地難求與資金不足兩大問題，因而刺激民間興建旅館的興趣。相關法規內容，可至以下網址參考：都市住宅區興建國際觀光旅館處理原則：http://gaz.ncl.edu.tw/detail.jsp?sysid=E0808951 興建國際觀光旅館申請貸款要點：http://gaz.ncl.edu.tw/detail.jsp?sysid=E0806096

客房沙龍

閒置空間活化

　　在嘉義縣某一國立大學附近，有許多建築公司為學生建造了不少套房，但後來由於供過於求，有 150 間的套房閒置許久，因此廠商將套房活化改為陸客來臺旅遊的旅館。

問題與討論見附頁 P.1

客房小達人

1. 隨著_____主義和旅遊業的產生與發展，休閒旅遊開始成為一種興盛的經濟

   活動。

2. 旅館走向_____經營、集團化經營才能降低成本。

3. 2003年_____疫情，不只臺灣，整個亞洲地區旅遊及旅館市場皆受到嚴重衝擊。

（一）客棧時期（1942～1911年）

清末民初的客棧形式，這時期的客棧作為經商旅客人士棲身地，提供簡單的住宿場地讓客戶清潔及休息

（四）觀光旅館時期（1956～1976年）

政府鼓勵建立國際觀光旅館，使臺正式邁入國際化新紀元，旅客大增期為臺灣旅館業黃金時期，梅花等制度開始實施。

（二）日治時期（1895～1945年）

臺灣鐵道飯店開立，臺灣出現第一家專業現代旅館，此時期的旅遊航線風氣，使得觀光旅館應運而生。

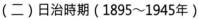

（五）大型國際觀光旅館時期（1977～1980年）

大型國際觀光旅館如雨後春筍般興起，來臺旅客突破100萬人次。

（三）傳統旅社時期（1946～1955年）

戰亂時代，因人民生活困苦，只有小旅社經營。

（六）旅館餐飲時期（1984～1989年）

灣經濟起飛，人民所得增加，餐飲消費能
大增，所以旅館業者開始引進國際美食，
成旅館餐飲收入超過客房收入。

（九）中國大陸客來臺時期（2010年至2016年）

因應中國觀光客來臺，導致是市場惡性低價競爭，市場機制遭受
破壞。

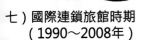

（七）國際連鎖旅館時期（1990～2008年）

際著名連鎖旅館體系進入臺灣市場，並引進
美旅館管理制度，有別於臺灣及日本市場管
制度，引進大部分世界馳名的經營管理技術
才及觀念，使臺灣進入國際化連鎖時代。

（八）休閒旅館時期（1997～2010年）

週休二日的實施，以休閒、主題、風景為
主的經營模式，以符合臺灣人休閒旅遊的
住宿所需。

（十）政府鼓勵南向政策、開發東南亞等其他市場（2016年至今）

政府為了解決旅館觀光客源問題，推出「新南
向政策推動計畫」，從「經貿合作」、「人才
交流」、「資源共享」與「區域鏈結」四大面
向切入，針對當前觀光產業狀況及未來發展需
要，開發更多元的觀光市場。

1-3 旅館的功能

旅館除了是住宿、餐飲、會議宴會的場所，同時也提供購物、娛樂設施、健康中心功能，並伴隨其設施與服務提供餐飲、按摩、SPA、健身、游泳、遊戲間、電動遊戲、理髮與衣物清洗等。依商務旅館、觀光旅館、汽車旅館、民宿、度假村等不同類型的旅館，又有其不同功能。

一、旅館的功能

若以旅館功能差異做為區分，共可分為五種類型，其各類型的性質分述如下（表 1-1）：

表1-1 各類型旅館的功能差異比較

旅館類型		功能差異
商務旅館		主要針對短期出差工作或在外地工作的人，在最符合經濟效益的情況下，提供休息的場所。
觀光旅館		為公眾提供住宿、餐食及服務的建築物或設備，用以接待觀光旅客住宿及提供服務。
汽車旅館		為臺灣特別的一項旅館產業，以娛樂性質為主。
民宿		民宿在臺灣是因為週休二日的實施，它結合當地人文、自然景觀、生態、農林漁牧活動，以家庭經營的形式，提供旅客鄉野生活的住宿場所。
度假休閒旅館		遠離市區，以健康休閒為目的的旅館，主要為融合當地的自然景觀與人文風俗，以滿足顧客休閒度假的需求。

旅館消費已然是一般大眾生活的部分，然旅館功能提供了人們繁忙社會中，追求快樂享受假期的旅行、平日犒賞自己、與人分享、社交需求等，旅館消費已然是生活的一部分。旅館消費是一種高貴，也絕對奢侈的行為，旅館高消費的對象隱含大量附加的符碼，但享受昂貴的特權已平民化。然而從整個旅館發展過程來看，顯示其往高消費的方向進化，這種面向意味著旅館空間已由「日常性」往「非日常性」的娛樂休閒方向發展，且日趨休閒性、普及性。

無論是臺灣或來自國外的旅客，其旅遊及住宿的目的和動機各有不同，而其文化背景、經濟條件、社會及心理背景亦各有差異，所以旅館的市場面對的需求不同，現代的旅館業均以綜合性、多角化經營，除了提供旅客住宿休閒功能外，也包含多種附屬設施（餐飲、會展、會議等），為了提供顧客服務，旅館便結合各項設施，相互搭配促銷，以吸引更多顧客前來消費（圖 1-10）。

圖1-10　商務旅館的會議室

客房沙龍

超出客人所需的服務

　　旅館服務是全套的服務，也因為人們生長環境不同，對顧客而言，其服務內容亦有所不同，也就是說每人的需求不同，所以不能依標準作業程序來招呼每位客人，五星級的服務內涵，就如同要五毛給一塊，也就是要做到 Over Service，意為超出客人想像及所需的服務內容，例如不小心將咖啡或飲料弄髒了客人衣服，除了將衣服免費洗淨，泡一杯飲料給客人外，須再加一塊蛋糕贈送給客人。

問題與討論見附頁 P.2

二、旅館功能之外的認識

現在的旅館除了提供休閒的功能，這幾年還多了很多創意及優雅，有些旅館甚至推出不同主題或有趣的情境，幫助旅客們消除疲憊，並滿足其想像空間。旅館除了住宿，還包括商店購物街、餐廳、公共服務區域、行政空間、休閒娛樂設施、開放空間、公園綠地等。不但提供如家一般的舒適溫馨，

圖1-11　國聯飯店使旅館變得簡約極具舒適。

也推出了主題式設計的飯店，尤其自 80 年代末期，國際旅遊家愈來愈多，許多旅館因應其品味要求，也開始追求精緻化、獨具特色的潮流，如台北市光復南路的國聯飯店，原本是一家老飯店，為了重新出發，因此費心規畫，決心以設計旅館再出發，因此邀請台灣知名設計師陸希傑老師重新規劃，成為了極簡主義風格的旅館，使旅館變得簡約又極具舒適，且加入了國際 Design Hotels 組織，後來果然成為潮流的領導者，直至近來仍營運良好。（圖 1-11）

客房小達人

1. 現代的旅館業均以＿＿＿＿＿＿＿＿、＿＿＿＿＿＿＿＿經營，除了提供旅客住宿休閒功能

　外，也包含多種附屬設施。

2. 自80年代末期，國際旅遊家愈來愈多，許多旅館因應其品味要求，也開始追求

　＿＿＿＿＿＿＿＿。

3. ＿＿＿＿＿＿＿＿消費已然是一般大眾生活的部分。

4. 以家庭經營的形式，提供旅客鄉野生活的住宿場所的型態稱之為＿＿＿＿＿＿＿＿。

5. ＿＿＿＿＿＿＿＿是臺灣特別的一項旅館產業，以娛樂性質為主。

1-4 旅館的分類

　　不同的年代背景及社會結構，會使旅館產業產生不同型態的服務需求，而順應服務需求，產生不同規模的旅館型態，其旅客種類、計價方式及住宿期間長短，皆有不同，有些研究學者以地理位置來分類旅館，但也有很多人依經營方式以及旅館規模來分類。本節則以型態及服務分類介紹各旅館樣態。

一、依型態分類

　　因應時代發展，旅館類型產生質變 (表 1-2)，各類型旅館除提供住宿及餐飲等基礎服務內容外，會因不同類型及

住房小禮品

國際與一般

旅館的區別國際觀光旅館及一般觀光旅館因管理制度不同為區分，國際觀光旅館是指經營國際觀光旅館或一般觀光旅館，對旅客提供住宿及相關服務的營利事業；一般旅館是指觀光旅館以外，對旅客提供住宿、休息及其他經中央主管機關核定相關業務的營利事業。

表1-2　旅館的類型與內涵

旅館分類	都會型	商務型	旅遊休閒型
服務內涵	1. 旅客生命的安全 2. 提供最高的服務	商務住客所須合理的最低限度服務	1. 住客的生命安全 2. 娛樂層面的滿足
推銷強調點	氣氛、豪華	合理的房租服務	健康活潑的氣氛
商品	客房、宴會、餐廳、聚會	客房、自動販賣機、出租櫃箱	客房、娛樂設備、餐廳
客房與餐飲收入比率	4：6	9：1	6：4
損益平衡點	55 ～ 60%	45 ～ 70%	45 ～ 50%
外國與本地人數比例	8：2	2：8	3：7
客房利用率	90%	80%	70%
菜單種類	150 ～ 1000 種	30 ～ 100 種	50 ～ 200 種
淡季	12 月中旬至隔年 1 月中旬	無變動	12 月至隔年 2 月
員工與客房	1.2：1	0.6：1	1.5：1
推銷 & 管理費	65%	40 ～ 50%	65%
人事費用	24.7 ～ 26.4%	15%	27 ～ 29%

客戶型態，提供不同的加值服務內容。現代旅館可概分為都會、商務、旅遊休閒等三種類型，其意義、商品內容、特性及銷售內涵各有不同。

二、依目的分類

就臺灣目前的狀況，旅館可依顧客的需求及目的分為以下八種類型 (表 1-3)：

表1-3　旅館可依顧客的需求及目的

類型	說明
 商務旅館 (Business Hotel)	以商務、會議客人為主的旅館，如希爾頓飯店、日航酒店、臺北凱悅飯店、臺北亞都飯店、臺中長榮桂冠酒店。
 療養旅館 (Wellness Hotel)	提供旅客休養、美容、健康為主題的旅館，如天籟溫泉會館、日本加賀屋溫泉旅館、法國水療旅館、巴里島四季飯店。
 公寓旅館	提供長期居住的旅館，例如喬治亞公寓大廈、中信商務會館等。
 休閒旅館	位於觀光區域，以休閒度假旅館為主的旅館，如拉斯維加斯酒店、夏威夷大島唯客樂度假村、地中海俱樂部、太平洋島度假村、天祥晶華酒店、墾丁凱撒飯店。

續下頁

承上頁

類型	說明
 生態旅館	提供旅客大自然生態觀察與體驗當地文化的旅館,如肯亞樹頂飯店、尼泊爾老虎頂旅館、澳洲農場民屋、愛斯基摩雪屋、印地安帳篷。
 運動旅館	提供旅客戶外遊憩活動的旅館,如馬來西亞神山登山小屋、北海道滑雪小屋、夏威夷高爾夫旅館、黃石公園營地小屋、南非獵屋、遊艇旅館。
 傳統旅館	為體驗該國文化而居住的旅館,如蒙古包、日本和式旅館(褟褟米床)、斯巴拉多公寓印尼奎籠海上木屋。
 露營車	車內附簡易餐宿設施,方便旅客長期遊覽,不須擔心住宿問題,夜晚可選擇在車上或露營地住宿。

三、依經營對象分類

經營業者可將旅館定位爲以下六種類別,依不同的服務屬性吸引不同的客層對象進行消費:

1. 普通旅館:國際觀光旅館及一般觀光旅館以外,提供不特定人士休息、住宿的營利事業(圖1-12)。

2. 招待所:爲了公務需要,而建立可供過夜的招待所,主要作用爲招待特定人士。

3. 寄宿所:由個人或機構爲消費者提供飲食及臨時住宿的場所(圖1-13)。

4. 休閒度假中心:多位於風景區,屬於休閒度假的旅館,客源以團體爲主,散客爲輔。

5. 包租宿舍:以學生爲住宿對象,爲學校因校內宿舍不足而與校外合作承租的宿舍(圖1-14)。

6. 汽車旅館:大多位於高速公路沿線或者郊區,有便利的停車場及簡單的住宿設施。

圖1-12 國聯飯店使旅館變得簡約極具舒適。

圖1-13 普通旅館

圖1-14 寄宿所

四、依臺灣法令及設置標準分類

依目前臺灣法令及設置標準分類，旅館可分為觀光旅館業、一般旅館業、非旅館的住宿型態，各類別的服務型態說明如下：

1. 觀光旅館業：觀光旅館業指的是經營國際觀光或一般觀光旅館，對旅客提供住宿及相關服務的營利事業。

2. 一般旅館業：一般旅館業指的就是觀光旅館業以外，對旅客提供住宿、休息及其他經中央主管機關核定相關業務的營利事業。

3. 非旅館的住宿型態：指所有不適用於現存各種旅館的相關法令規定，但又對特定或不特定的顧客，提供住宿等相關服務的營利事業，已有旅館之實，又非正統旅館的住宿型態，例如民宿、青年活動中心、教師會館、警光會館、農場、度假村等，利用自用空間，結合當地人文、自然景觀、生態、環境資源及農林漁牧生產活動，所形成的住宿型態。

五、依旅客的停留時間分類

依旅客住宿時間，旅館又分為短期住宿、長期住宿、半長期住宿，各住宿特點說明如下（圖 1-15）：

1. 短期住宿：住宿一週以下的旅客。
2. 長期住宿：住宿一個月以上，且有簽訂合同的必要。
3. 半長期住宿：具有「短期住宿」的旅館特點，但時期較長，約半個月以上。

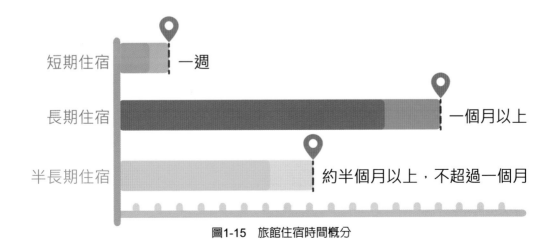

圖1-15　旅館住宿時間概分

客房沙龍

新奇的住宿方式──露營車

露營車是露營入門者的好選擇，也是旅行者的另類嘗試，因大部分的露營車配備齊全，只要帶行李就可以開始露營生活。

台灣有百次經驗的露營旅行家，Sammi 就曾分享她們一家到紐西蘭自由行的露營車經驗。她說，當地以露營車形態的露營已較成熟，有豐富的選擇種類。這趟紐西蘭之旅總共到了八個露營區，她覺得紐西蘭的露營區設備非常完善，價格也很親民。在台灣營地大概一晚一千元左右，提供營地、衛浴設備；紐西蘭除了這些基本設備外，還有公共設施，裡面有火爐、冰箱及用餐的場所，所以只要帶鍋碗瓢盆就可以了。

露營車上可供睡眠、烹調、休閒、有行動廁所，也提供棉被、枕頭、衣架，所以去紐西蘭開露營車只需攜帶行李，有時車上連紅酒杯、刀叉碗盤、鍋具都有提供。

紐西蘭露營車的費用是依車種而定，Sammi 一家選擇的露營車含稅金及油稅，一天是 6 千元台幣，但也有一天租金 2 千多台幣的露營車。露營地的錢另計，像有些供電的露營地，一晚租金約 1 千 2 百元左右。

當時一晚光是營地及露營車就花費 7 千多元，Sammi 笑說，其實紐西蘭的旅宿費不會很貴，但以露營車的方式，卻讓他們在這趟旅程中看到很多在地風情及野生動物，是難得美好的露營體驗。若想安排這類旅遊，可提前一年開始規劃，露營車及場地可獲得折扣，節省很多租金。

問題與討論見附頁 P.2

客房小達人

1. 不同的年代背景及社會結構，會此旅館產業產生不同型態的_____需求。

2. 因應時代發展，旅館類型產生_____。

3. 所有不適用於現存各種旅館的相關法令規定，但又對特定或不特定的顧客，提供住宿等

   相關服務的營利事業稱之為_____。

4. 依旅客的停留時間分類，旅館分為_____、_____、_____。

5. 現代旅館可概分為_____、_____、_____等三種類型。

溫故知新

1. 旅館是公開接待旅行者或外出者,並向被服務的人收取金錢的一種機構,它與一般服務業不同,強調公共性。

2. 隨著時代的變遷,在近幾十年來旅館加入了更多的創意性與個別性,因著個性與特殊性,又發展成貼心產業。

3. 旅館是一項人力及資金密集的產業,平均要6年才能回收成本。

4. 旅館的服務是種情緒性勞務,工作人員的工作態度決定一切,服務必須保有熱忱,使得顧客有賓至如歸的感覺。

5. 旅館多樣化,並受到經濟、社會、科技、政治法令、生態等層面的影響。

6. 旅館的商品特性有不可儲存性、僵固性、高成本、無形性、長期性、競爭性、地理性、風險性等。

7. 旅館從舊時代的高級消費印象成為普及平民的選擇,趨於休閒及普及性。

8. 20世紀後隨著市場需求,旅館類型多樣化,也由於科技時代來臨,配合網路行銷,訂房(Hotel Reservation)訂餐服務,使顧客使用更為便捷。

9. 以旅館功能差異做為區分,旅館可分為商務旅館、觀光旅館、汽車旅館、民宿、度假休閒旅館。

10. 現代旅館可概分為都會、商務、旅遊休閒等三種類型,其意義、商品內容、特性及銷售內涵各有不同。

11. 依旅客住宿時間,旅館又分為短期住宿、長期住宿、半長期住宿。

new york

paris

tokyo

bangkok

❧ 客務篇 ❧

第二章
客務概論

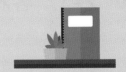

客務部是旅館的精神中樞，與各部門有著密切的連結，舉凡客人服務或抱怨處理等大小事項，都是由站在第一線的客務部進行把關，可說是整個旅館的門面，客務部是最先接觸顧客的服務人員，其人員的服務及素養，也是確保旅館品質及提供客人對於旅館第一印象及滿意度的首重。

學習目標

1. 了解旅館客務部門的重要功能。
2. 知道旅館客務部門組織。
3. 了解旅館客務部門的服務操作技巧。
4. 了解旅館客務部門的服務禮儀及注意要項

2-1　客務的定義

　　客務部是旅館業非常重要的部門，與各部門有著密切複雜的工作關係，也是旅館的核心，其技術與服務是旅館成功經營的重要環節。本章將說明客務部門的工作內容與管理課題，並培養學生具有從事旅館業務的專業與能力，加強學生重視旅館業的態度與技巧。

　　客務部各組相關人員在接待旅客遷入遷出時，應注意表現友善的態度，並迅速確實提供旅客詳細的資料，為提供旅客滿意的服務，某些動作必須反覆練習，才能不斷提升服務水準。

　　而在旅館裡，客務部被稱之為前廳或櫃台，與房務部共同組成客房部，在大型的旅館中，分工較細，但在規模不大、服務型態單純的旅館中，兩者間的關係很類似餐飲部的外場與廚房之概念（圖2-1）。

圖2-1　各部門有著密切複雜的工作關係。

一、客務部的工作

　　每一間旅館因著形式及不同規模大小，會有不同的編制及部門設置，有時因旅館小，無法分工太細，因此一個服務人員通常跨編制服務，本節則依台灣旅館常見設置的客務部門簡述其功能（表2-1）。

表2-1　台灣旅館常見設置的客務部門簡述其功能

客務部編制		負責工作
服務中心		安排住店旅客的接送機服務、安排住店旅店行李各項事宜與代客泊車等。
櫃檯接待		根據當日住宿旅客排房、協助旅客住宿登記、管理住客鑰匙、旅客留言服務、觀光諮詢、接訂房等。

續下頁

客務部編制		負責工作
郵電組		旅客郵寄信件、名信片、包裹或傳真服務。
訂房組		負責國內外旅客或旅行社訂房事宜。
總機		接聽與轉接來電、訪客電話,以及留言服務。
商務中心		提供商務旅客居住期間任何和執行業務有關的設備與行政支援,畢竟商務旅客出差在外無法把辦公室都帶著走!商務中心可算是商務旅客的臨時辦公室,商務中心秘書則可擔任商務旅客的臨時秘書或翻譯。
前檯出納		旅客住宿期間所需兌換外幣服務、退宿的付款服務或重要財物與物品保管(保險箱)保管服務－－基本上此部門直屬於財務部,但因位於前檯,若有客戶糾紛或抱怨時,客務經理也需立即處理。
行政管家		住宿旅客只需行政管家一人服務,即可獲得與飯店各部門立即有效率的服務。行政管家也辦理私人助理與秘書的工作。

二、客務服務的過程

　　客務部所有服務行為,都是為了旅館業務銷售和顧客服務,而客務部也是顧客與旅館員工接觸的主要場所,其服務範圍包括旅館提供的每項顧客需求。顧客在訂房至居住旅館期間,客務組有四個主要的工作階段及流程,包括抵達旅館前的服務、抵達旅館時、入住客房和退房等服務。客務部的員工需要瞭解顧客居住期間發

生的問題，以提供顧客服務及房客帳目有關的活動，就能根據房客的需要提供高效的服務（圖 2-2）。

抵達旅館前： 完整資訊及 便利訂房流程	抵達旅館時： 客帳處理流暢 ，留下紀錄供 日後參考	入住客房： 提供完整服務 ，並確認帳款 是否正確	退房： 了解客戶滿意 度，建立信賴 關係

圖2-2　旅客服務四流程

1. 抵達旅館前：客戶會在選擇訂房時，應該有一些選擇的因素，如受到廣告宣傳的影響、親友推薦、口碑、上次居住感受良好、是忠誠顧客，也有可能是因為辦理訂房容易與否。因此，訂房時如何介紹旅館設施，房價和顧客服務內容，對一家旅館而言很重要。客務人員能夠積極的介紹旅館，並且給予完整的資訊提供，對顧客觀感影響很大。而旅館電腦化的訂房系統，可以做到正確的控制出租房的數量和預測客房收入，所以有好

圖2-3　客務人員的積極接待，可為旅客留下好印象。

的資訊系統，能把客房銷售的數量提到最高程度（圖 2-3）。

2. 抵達旅館時：顧客抵達旅館時，能夠感受到住宿設施和設備的安全及舒適性，且考量到方便殘障人士的觀念。另外，若有歷史檔案記錄下顧客個人習慣和財務資訊，當顧客再度入住時可以利用它線上訂房或入住登記。而進行客帳處理過程，應針對顧客以何種方式支付款項給予流暢的處理。顧客付款方式和退房日期確定後後，登記工作已經完成，發給顧客房門鑰匙，允許顧客自己進房或由大廳行李員引領進房。當顧客進入客房，那麼入住階段就開始了。

3. 入住客房時：櫃台應負責提供完整資訊以滿足顧客，並擔任顧客服務，保障住店階段旅客能獲得最高的滿足。由其客務部員工是旅館形象的代表，因此行為舉止在顧客服務全過程中有很重要的意義，對於顧客的反應要及時、正確的回答，想辦法在顧客服務過程中鼓勵顧客下次再來關顧。此外，在入住時期，顧客與旅館之間所產生的財務帳單，應保持準確性和完整性，並檢查登帳情況，檢查信用額度是否得到監控，客房狀態是否正確以及製作報表。

4. 退房：在辦理退房手續的過程中，客務人員要想辦法了解顧客是否對於服務滿意，並鼓勵顧客再次光臨，而在辦理退房手續和建立客史檔案，應提供正確的帳單，並請顧客交還房門鑰匙。讓旅客帶著對旅館的正面印象離開，會影響旅館的口碑，並促進回客率。因此旅館也能透過調查問卷的方式，讓旅客提供相關看法及資料，了解他們的希望和需求（圖2-4）。

圖2-4　若能留下旅客意見做為服務參考，將更了解旅客需求。

三、客房的管理

客房是旅館提供旅客住宿和休息的主要設施，等同於旅客旅途中的家，客房也是是旅館的主體，故其服務是旅館的核心，**客房服務若沒有做好，對旅館聲譽會有直接影響**；相對的，若客房服務做得好，也會間接帶給客人好的印象（圖2-5）。

圖2-5　對待顧客，服務人員應秉持無論其尊卑貴賤，均應做到不分你我、一視同仁的地步，才能保持良好的服務品質。

1. 注意細節：客房的控制與管理，會影響各項工作能否正常運轉，其各項工作是否能達到標準，最重要的是在意細節間的運作，工作程序是否合理與準確，決定了服務工作的品質。對旅客而言，客房最基本，也是最關鍵的服務，包含衛生情況是否乾淨、服務品質是否符合等，都會影響其觀感。

2. 賓至如歸的感受：旅館不僅要有專業服務知識和技能，更要對待旅客如家人，服務過程中要有愛心和同理心，並用妥當的方式處理客人的不滿和疑問，多和客人溝通，即時瞭解客人的意見和建議，服務要做到心坎裡，維護好旅館的形象和利益。

3. 個別化服務：旅館間的競爭也愈來愈激烈，隨著社會的發展，為了不被淘汰，旅館不能只維持標準的服務，需要有創新且具特色的服務，因此旅館應確立服務特色，區別自己與同行，提供顧客不同於他人的服務，以爭取服務機會。

4. 服務要主動：客房的各項工作除了部門管理人員的努力外，還要配合旅館其他部門，因此主動的與其他部門聯繫溝通，瞭解他們的工作情況與進度，從而調整客房的一些工作，將會使客房的服務工作更加順利。此外，透過部門間的聯繫，可以瞭解客房預訂及抵達情況，並安排客房清洗工作。

5. 減少浪費：收拾客房時，應記得關閉不需要的一切開關，如照明燈、空調等，加強節約節能意識。而近年來為了推廣低碳生活，旅館也紛紛減少備品浪費，並加強提倡，提醒旅客節約能源。

客房沙龍

節能型旅館

節能型旅館，強調為旅客提供安全舒適以外，能有利於大眾健康的服務與商品，他們以一種對大自然環境及社會展現負責的態度，希望透過有效利用資來保護生態環境，並引導合理消費，創造產業的永續精神。節能型旅館在經營過程中，提高旅館資源的利用效率，期待以最節約的資源及消耗，獲得合理的經濟效益和社會收益。

問題與討論見附頁 P.5

客房小達人

1. ＿＿＿＿＿＿＿是旅館的精神中樞，與各部門有著密切的連結。

2. ＿＿＿＿＿＿＿是旅館提供旅客住宿和休息的主要設施。

3. 客務部被稱之為前廳或櫃檯，與＿＿＿＿＿＿＿共同組成客房部。

4. ＿＿＿＿＿＿＿人員站在旅館的第一線，透過服務創造出旅館的整體形象。

5. 為提供旅客滿意的服務，某些動作必須＿＿＿＿＿＿＿，才能不斷提升服務水準。

2-2 客房類型及計價方式

客房是旅館供客人住宿及休憩的空間，會根據不同的客人屬性、需求、用途，提供不同類型的空間。各個國家、各個地區、不同級別、不同類型、不同屬性的旅館，其客房的分類標準不一，一般備有單人間、單床雙人房、雙人間、套間客房、公寓式客房、總統套房等，隨著房型，設備有所不同，而一般常見設備請參考 (表 2-2) 之常見項目。

此外，有一些旅館會提供特色客房，如以家庭為單位的特別房，提供大床房型及家庭、親子房型。不同星級標準的旅館，對各類客房的設備及配備都有明確的規定，但也會有所差別。常可見到部分客房增設餐桌、小酒吧或專門用於辦公的桌椅。而就客房房型面積而言，客房單人房與雙人房之面積沒有太大差距，面積約於 7 坪至 15 坪之間，其中以 9 坪至 12 坪為常見；一般套房的面積介於 17 坪至 35 坪之間，其中以 21 坪至 25 坪為常見。

1. 單人房：主要家具和設施是一張單人床、一個床頭櫃、一張多用桌、一個箱包架、兩張休閒椅、一個茶几以及固定設在入口處的衣櫥和洗手間（圖 2-6）。

2. 雙人房：在多種客房中，這種客房數量最多，適合兩人、夫妻和旅遊團體使用。設施的配備也最標準。其主要家具和設施是兩張單人床，一個兩人共用的床頭櫃，一對休閒椅和一個茶几，一個寫字、梳妝、放電視機的多用桌和一張寫字椅，一個箱包架以及分別位於小門廳兩側的衣櫥和洗手間（圖 2-7）。

3. 雙人間：與標準間的配置相似，只是床為雙人床，尺寸為 1800mm X 2000mm 或 2000mm X 2000mm（圖 2-8）。

圖2-6　單人床

圖2-7　雙人床

圖2-8　雙人間

4. 套間公寓：由兩間組成。外間為客廳，主要家具為沙發組和電視櫃，有時還可以增設早餐用的小餐桌。客廳是供客人休息、接待客人和洽談生意的地方，可適當擺放盆花等陳設（圖 2-9）。

5. 公寓式客房：這種客房主要供大公司派出人員租用，租用時間一般較長，故需要有一個偶爾做飯的廚房。這種客房集辦公、會客、住宿、就餐、烹調空間為一體，所以至少要有兩個以上的房間（圖 2-10）。

6. 總統套房：基本空間為總統臥室、夫人臥室、會客室、辦公室（書房）、會議室、餐廳、文娛室和健身室。有些賓館在總統套房的前部設置隨行人員的用房，它們與總統套房相鄰，但又各有各的獨立性（圖 2-11）。

圖2-9　套間公寓

圖2-10　公寓式客房

圖2-11　總統套房

一、依床位、設備或景觀區分

目前台灣旅館依照不同的床位、設備或景觀提供不同的客房類型與設備。

（一）以床型安排區分的房型

1. 單人房（Single）：房間有一張床，供 1 人入住。

2. 單床雙人房（Double）：房間有一張雙人床，可供 2 人入住，適合情侶、夫妻。

3. 雙床雙人房（Twin）：房間有兩張單人床，可供 2 人入住，適合朋友、同事。

4. 經濟雙人房（Semi-Double 或稱 Semi dbl; Double semidouble)：房間有一張尺寸較小型雙人床，床寬約為 115cm 至 140cm 不等（依各飯店床規而定），可供 2 人入住，是日本獨有房型，身材高大的人需要斟酌是否合適。

5. 標準雙人房（Queen）：房間有一張雙人床，床寬約為 140cm 至 160cm（依各飯店床規而定）。

6. 特大雙人床（King）：使用尺寸較大的雙人床，床寬約為 180cm 至 200cm（依各飯店床規而定）。

7. 三人房（Triple）：房間有一張雙人床 + 一張單人床、或是三張單人床，可供 3
人入住，適合親子或是 3 位好友同住一間。

（二）以裝潢設備、景觀功能區分的房型

1. 標準房（Standard Room）
2. 高級房（Superior Room）
3. 豪華房（Deluxe Room）
4. 行政房（Executive Room、
   Club Room）
5. 套房（Suite）
6. 精簡小巧房型（Studio）
7. 別墅型飯店（Bedroom）
8. 市景房（City View、Urban
   View Room）
9. 海景房（Harbour View、
   Ocean View Room、Sea View
   Room）

表2-2　旅館房間常見設備

布巾	電器	容器	家具
床裙	電視機	水果盤	床頭板
保潔墊	冰箱	水果甕	床座
床單	保險箱	水杯	床墊
被套	浴室電話	咖啡盤	床頭几
枕套	客廳電話	咖啡杯	圓茶几
浴巾	吹風機	茶盅	書桌
中毛巾	煮水器	水果刀	書桌椅
小方巾	燙褲機	水果叉	沙發
足布	熨斗	漱口杯	行李架
浴袍	客房手電筒		置物櫃
床墊	沙發立燈		
羽毛枕			

二、房租價目內容及計價方式

　　旅館平均房價是旅館客房總收入與旅館出租客房數的比值，平均房價是旅館經
營活動分析中僅次於客房出租率的第二個重要指標。

1. 國際上一般常見的客房計價方式分為歐洲式計價、美國式計價、修正美國式計
   價、大陸式計價、百慕達式計價等五種計價方式：
   (1) 歐洲式計價（European Plan）：即房租內未包括餐費在內。
   (2) 美國式計價（American Plan）：房租內包括三餐在內之計價方式，在歐洲又
       稱 Full Pension。
   (3) 修正美國式計價（Modified American Plan）：在歐洲又稱 Half Pension 或
       Semi- Pension，房租內包括兩餐（早晚餐）在內之計價方式。

(4) 大陸式計價（Continental Plan）：房租內包括早餐在內之計價方式。

(5) 百慕達式計價（Bermuda Plan）：房租包括美國式早餐 又可稱為 (ABF)。

2. 因應市場變化及銷售調整計價：旅館房價會因市場變化、銷售策略調整而調整定價 (表 2-3、表 2-4、表 2-5)，一般可分為以下五種方式：

(1) 標準價 (Rack Rate)：標準價是由旅館決策階層制訂，把各種不同類型客房的基本價格標示在旅館價目表上，這就是客房的原價，不包含任何折扣因素。當旅館提出不折扣政策時，客人就須支付標準房價。

(2) 假日價：假日一般以標準價為主，由於旅客較多，故不予折扣。

(3) 平日價：平日旅客比休假期間少，故旅館視狀況給予 8 ～ 9 折的折扣。

(4) 團體價 (Group Rate)：超過 16 人或 8 間房間均可用團體價計之，每家旅館給價方式不一。

(5) 依旅館種類計價：在臺灣地區通常以國際觀光旅館與一般觀光旅館作為計價種類，前者計價受來臺旅遊人數的影響，而後者則可能受到國民所得經濟的影響，進而影響房價變化。

客房沙龍

你一定要知道的旅館的 12 項隱藏費用

1. 旅館接駁車　　2. 旅館管家費或清潔費　　3. 迷你吧　　4. 提早入住或延遲退房費

5. 取消預訂費用　　6. 客房保險箱　　7. WiFi　　8. 保管行李

9. 停車　　10. 渡假村費用　　11. 電話費　　12. 稅項和地方費用

問題與討論見附頁 P.5

（資料來源：Skyscanner 台灣）

表2-3　2018年臺灣地區（國際及一般）觀光旅館平均房價比較表

2018年臺灣地區（國際及一般）觀光旅館平均房價比較表								
	臺北	高雄	臺中	花蓮	風景區	桃竹苗	其他	合計
107 年	4,285	2,346	2,560	2,474	5,072	2,809	3,606	3,719
106 年	4,332	2,439	2,490	2,535	5,336	2,776	3,647	3,761
增減數	-47	-93	70	-61	-264	33	-41	-42
增減率	-1.08%	-3.81%	2.81%	-2.41%	-4.95%	1.19%	-1.12%	-1.12%

（資料來源：中華民國交通部觀光局）

表2-4　2018年臺灣地區國際觀光旅館平均房價比較表

2018年臺灣地區國際觀光旅館平均房價比較表								
	臺北	高雄	臺中	花蓮	風景區	桃竹苗	其他	合計
107 年	4,502	2,341	2,485	2,474	5,314	2,895	3,906	3,876
106 年	4,559	2,448	2,504	2,535	5,544	2,889	3,996	3,937
增減數	-57	-107	-19	-61	-230	6	-90	-61
增減率	-1.25%	-4.37%	-0.76%	-2.41%	-4.15%	0.21%	-2.25%	-1.55%

（資料來源：中華民國交通部觀光局）

表2-5　2018年臺灣地區一般觀光旅館平均房價比較表

2018年臺灣地區一般觀光旅館平均房價比較表								
	臺北	高雄	臺中	花蓮	風景區	桃竹苗	其他	合計
107 年	3,544	2,405	2,784	0	3,903	2,632	2,562	3,144
106 年	3,527	2,304	2,447	0	4,207	2,567	2,544	3,102
增減數	17	101	337	0	-304	65	18	42
增減率	0.48%	4.38%	13.77%	0.00%	-7.23%	2.53%	0.71%	1.35%

（資料來源：中華民國交通部觀光局）

客房小達人

1. 旅館會根據不同的客人_____、_____、_____，提供不同類型的客房。

2. 客房的分類標準不一，一般備有單人間、單床雙人房、雙人間、套間客房、_____、_____等。

3. 台灣旅館依照床型安排區分的房型有：_____、_____、_____、_____、_____、_____、_____。

4. 國際常見計價分為：_____、_____、_____、_____、_____。

5. 因應市場變化及銷售調整計價方式有：_____、_____、_____、_____、依旅館種類計價。

2-3　服務禮儀與內容

　　旅館服務人員的態度及形象，決定旅客對旅館印象的好壞，是決定下次是否再光顧的重要因素，因此，合宜的接待服務禮儀，可以讓來訪的旅客留下良好的評價和印象，並讓來旅客對旅館產生信賴，鞏固忠誠度。

一、客務人員的觀念及態度

　　客務人員的服務，是旅館不可或缺的無形產品，其應對態度及服務品質，會直接影響旅館服務的品質，因此，客務人員禮儀的重要性及服務體認，是客務人員應了解並落實的重要項目。

（一）客務人員的禮儀儀容之重要性

　　整潔之儀容，得體之應對，是現代社會中建立良好人際關係的第一步；尤其於服務業而言，禮儀儀容更是重要。旅館中的每一分子，都代表公司的形象，個人的表現，足以影響他人對團體的印象及公司聲譽；故在了解儀容標準，及各種禮儀姿勢之前，「代表旅館」的心態調適是必要的（圖 2-12）。

圖2-12　服務人員最基本的就是保持微笑。

（二）入服務業之體認

1. 基本精神：從事服務業，首先應具備愛人的美德與為人服務的熱忱，充分發揮敬業樂群的精神，真誠處事、和氣待人，如此才能在此行業中有所發展。

2. 服務業之性質：服務業，顧名思義是靠「服務」賺錢的行業；在旅館中，硬體設備之優劣及食物的好壞，固然重要，軟體服務品質及服務態度更是決定企業成敗的關鍵。故軟、硬體兼顧，是世界級一流大飯店應具備之條件。

3. 一視同仁之服務：對待顧客，絕不可有差別待遇，對本國客人與外國客人的服務及態度，應能一視同仁，予以勤快熱忱之服務，以避免一般大飯店給人冷漠印象。

4. 同事相處：除對外講求禮儀，同事間之和氣相處，愉快的工作氣氛，也是使大家「樂在工作」之重要因素。故平日同事間應有的禮貌招呼，亦不可省。虛心求教、認真學習工作及生活體驗，更是新進員工應有之心理準備（圖 2-13）。

圖2-13　和樂的工作氣氛，是提昇服務品質另一途徑。

二、客務人員儀容標準

客務服務人員服裝儀容有著比其他行業更為詳細的規範，應隨時注意保持儀容外觀之整潔，給人端莊優雅之良好印象，其儀容標準及項目如下圖（圖 2-14）：

頭髮:整齊乾淨不染髮，髮長不過肩

化妝:勿用濃烈香水

口腔:維持口氣清新

飾品:不可佩戴

制服:依規定穿戴整齊

名牌:配戴於左胸前

手部:保持整潔

指甲:須修剪並保持整潔

鞋子:黑色

面部:乾淨不蓄鬍

襪子:黑襪

鞋子:乾淨之皮鞋

面部:保持整潔清爽

化妝:淡妝且隨時補妝

飾品:小型耳環，長度不可過耳

指甲:勿用指甲油

襪子:膚色絲襪

鞋子:乾淨之平底或低跟鞋

圖2-14　儀容標準及項目

三、客務人員的禮儀動作

（一）笑容表情

笑容是國際語言，它不但能帶動氣氛，亦是化解冷場或誤會的最佳緩和劑；在服務業中，面帶笑容更是面對顧客時最基本的禮貌；故擁有真誠美好的笑容，是學習禮儀的第一步。請注意下列重點：

1. 隨時保持微笑，即使單獨一人時亦同，要使微笑成為習慣。

2. 說話時要面帶笑容，且講話聲音要有精神。

3. 眼睛亦要帶笑意，即使嘴唇不動，也要能從眼神傳達善意。

4. 除訓練課程一同演練外，平日應自行面對鏡子，找出最完美的微笑及笑容表情，常做練習，使之成為習慣。

（二）站姿

站立時，保持端正的姿勢，是予人專業形象的第一步，站立亦是其他姿勢的動作基礎，應能好好練習，請注意下列重點（圖2-15）：

1. 男性：站立時，膝蓋打直，背脊挺直，雙腳張開與肩同寬，雙臂自然下垂，或雙手虎口交疊（左上右下），輕放於腹部前方

2. 女性：站立時，膝蓋打直，背脊自然挺直，雙腳併攏，腳尖微張，雙手虎口交疊（左上右下），輕放於腹部前方。

圖2-15　客務人員的站姿

（三）行禮

　　行禮，是服務業中最常用到，也是必要學習的動作，遇到顧客、上司、或與人招呼、道別時，隨時有機會應用；正確一致的行禮姿勢，是獲得外界好感的重要因素之一，故不可不重視，請注意下列重點（圖2-16）：

圖2-16　行禮為旅館服務人員的基礎動作之一，應確實掌握其原則。

1. 行禮的原則：雙腳併攏，將上身徐徐往前傾30度左右後，稍作停頓再起身，行禮時，頭與身禮須保持一直線，視線由上自然落下；平時請配合招呼話語，自行練習。
2. 男性：雙手自然放於身體兩側。
3. 女性：雙手輕放於腹部，即維持正確站立姿勢（請參考前頁站姿之標準動作），作行禮動作。

（四）引導姿勢

　　在旅館中，經常有機會遇到顧客詢問設備的位置，故在指出正確方向或引導顧客前往的時候，便須配合正確之姿勢和話語，以協助顧客；為全體一致的表現，請依下列重點演練：

1. 維持站立姿勢，雙腳併攏，身體微向前傾，以右手或左手掌併攏傾斜45度，手臂向前，指示前進方向或指向正確位置。
2. 若是引導客人至定位，則應走在來賓的右前或左前方，並且配合來賓之速度，調整步伐的快慢。
3. 口中配合適當話語。

（五）與顧客之應對

　　以下列舉幾項平日與顧客應對，較常遇到之情形，配合動作及話語，作為演練之用（圖 2-17）。

圖2-17　客務人員的平日與顧客應對重點。

四、電話禮儀

　　無論在何處工作，接、打電話是不可避免的；電話禮儀的注重與否，除個人給他人的印象之好壞之外，對公司整體形象亦有深遠之影響；電話禮儀之特色是靠聲音和言語與對方進行溝通，因此充份掌握電話禮儀，運用說話技巧，並發自內心，徹底實行，對個人修養及公司形象都有相當助益（圖 2-18）。

圖2-18　電話服務要注意時間、內容及應對的話術。

（一）基本觀念

　　從事電話服務除了應注意基本禮儀外，應有以客為尊、將心比心及懂得判斷與應變的基本認知，其認知內容如下：

1. 以客為尊：不管對方是什麼身份的人，一律平等對待；面對刁鑽蠻橫或盛氣凌人的客人，更要能心平氣和地應對以緩和不愉快的氣氛。

2. 將心比心：隨時站在對方的立場，了解對方的處境，就比較不易受對方干擾，而影響自己的情緒，如此才能客觀應答。

3. 判斷與應變：平時廣泛吸收資訊，深入了解公司及本身單位之業務，以增加判斷能力，在電話溝通中適當地應變；如此就不致於在發生臨時狀況時，無法應答或無法處理。

（二）接聽電話禁忌

接聽電話除基本禮儀外，應避免久候、重覆對話、對達不得要領等電話應對禁忌，以免影響旅客來電的心情，造成對方不悅。

1. 久候：絕不讓來電者久候，若遇到不能馬上回答處理的問題時，應徵求對方同意，先把電話掛斷，等查清楚後再與對方聯絡；若對方打的是長途或行動電話，更不能讓對方久等。
2. 重覆問話：當接到他人的電話或須要他人協助處理的電話時應先問明對方身份或事由，在轉接前應簡略說明來電者身份及事情重點，以免每位接聽人一再重覆問話，造成對方不悅，對於抱怨電話更要注意此禁忌。
3. 對答不得要領：應答電話時，無法問明對方來電目的，或無法傳達正確內容，都是失敗的接聽。

（三）接聽電話三大要領

接聽電話時，有一些小細節很可能會造成對方不耐，因此應注意在電話響二聲就接起、且應對切合內容，掌握通話內容並隨時記錄，其要領內容如下：

1. 二聲接起：鈴響立刻拿起電話，會令對方感到唐突，但超過二聲又易使對方感到不耐，故以二聲鈴響為最適當的接聽時機。
2. 切合內容：運用 5W 人、事、地、時、物及 2H 為什麼、如何來掌握通話內容。
3. 隨時記錄：通話內容立刻摘記，通話結束後馬上整理、過濾依照 5W2H 記錄下來，以便傳達、進一步處理或列入檔案。

（四）接聽重點提示

除了接聽電話的要領及禁忌外，接聽電話也有許多細節，很容易被忽略，若能夠牢記這些接聽重點，將能共創造更好的通話品質內容，其接聽要點如下：

1. 接聽電話，首先報公司單位及問好。

2. 接聽電話時，姿勢要端正，保持笑容，聲音自然會清晰明朗、悅耳。

3. 講電話時的音量，應較平常聊天時稍大。

4. 如超過五響以後才接電話，要向對方道歉。

5. 當電話經由外線或他人傳達，記得向對方說聲「久等了」。

6. 接聽電話時，一定要知道對方是誰姓名、公司行號等。

7. 即使熟悉對方的聲音，也應先確認，以免弄錯。

8. 電話旁備妥備忘錄，接電話時一手拿聽筒，一手準備記錄。

9. 無論打電話或接電話，牢記 5W2H 的技巧來表達或記事。

10. 即使不是自己的電話，也應積極應對。

11. 找的人不在時，應試著探尋來電目的，記下正確簡潔留言。

12. 無論是處理事項或為他人留言，記下後應覆述一遍作確認。

13. 注意掛電話前的禮貌，確定對方掛電話後，才能放下聽筒。

14. 避免在公司打私人電話。

15. 在忙碌時段接到私人電話，應設法儘快掛斷。

16. 欲克服「電話恐懼症」，就要積極地接電話。

17. 將常用的電話號碼，製成表格，貼在電話旁。

18. 當被問及「需要多少時間」等問題，回答應比預定時間稍長。

19. 拿、放聽筒，要小心輕放，以免失禮。

20. 對無法負責的電話，應婉言相對，並迅速交由上司處理。

21. 不太理解對方所提事項時，可覆誦電話內容尋求上司判斷。

住房小禮品

5W2H

5W2H 分析法又稱「七何分析法」，因大多數人常會不知道如何提出問題，而在所有邏輯思考法中，「5W2H」可說是最容易學習和操作的方法之一。故許多企業及服務業常以 5W2H 作為延伸應用。

What 就是確立問題，了解「目的是什麼？做什麼工作？」

Why 是說明背景或提出問題，也就是「為什麼要這麼做？理由何在？原因是什麼？」

When 指的是時間，設定「什麼時間完成？什麼時機最適宜？」

Who 是對象，指明「由誰來做？誰來完成？」

Where 是地點，確認「在哪裡做？從哪裡入手？」

How 是方法，提出「怎麼做？如何做會更好？如何實施？做法是什麼？」

How much 則是花費或成本，計算「要花多少預算？金額是多少？」

22. 有人來電抱怨時，應先誠懇地聆聽對方訴說，並記下重點。

23. 對經常打來的詢問電話，公司或單位內的回答應力求統一。

24. 來電者的問題，即使和公司或單位無直接關係，也應禮貌詳細的回答之。

25. 即使知道是打錯電話，也應親切對待。

26. 聽不清楚對方聲音時，立即告訴對方，以免造成接聽誤會。

27. 正在說話或處理事情時，不要立刻拿起電話，先深呼吸後再接聽。

28. 切忌邊吃東西邊講電話。

五、代接電話之禮貌用語

代接電話雖不是平時業務，卻很容易在轉接當中，流露該旅館平時的訓練與員工素質，因此，在代接電話時需有適當的應對情境與用語，參考如下（表 2-6）：

表2-6　代接電話情境應對

情　境	適　當　用　語
指定人不在時	「請問您是那位？請稍候，馬上為您轉接！」
指定人不在座位時	「對不起！經理正好離開座位，一會兒就回來，請問有什麼可以代您轉達或代勞的？或是您留個電話，待會兒請經理回電話給您。」
指定人正在講電話時	「對不起！經理正在講電話，麻煩您留個電話，待會兒請他撥給您。」
指定人不在公司時	「對不起！經理有公務外出，不知道什麼時候回來（或是什麼時間回來），請問有什麼事情我可以轉告他，等他回來再給您回電話。」
記錄留言時	用 5W2H 重點記錄，並重述留言內容，且說「我會轉述給經理，請您放心！」
指定人正在忙，不願受電話打擾時	「對不起！經理有訪客，正在講話，不方便接電話，請您留下聯絡電話，待會兒請他回電給您。」

六、顧客抱怨處理

顧客的抱怨與處理，會影響到顧客未來是否會再光顧的意願，且顧客很可能將在旅館所遭遇的委屈，告訴親友，因而間接影響旅館聲譽，因此顧客抱怨處理需格外小心。

（一）基本觀念

有人說嫌貨人才是買貨人，若能把顧客的抱怨處理得宜，將能搏得顧客的信任，因此顧客抱願的基礎觀念與認知，對旅館服務人員而言是重要的。

1. 抱怨是必然會發生的。
2. 經常保持著「顧客永遠是對的」的心態。
3. 顧客的抱怨，視為一種情報來發現問題，故應感謝提出抱怨的顧客。
4. 抱怨者最須要「吐怨氣」，應給對方傾吐的機會。
5. 顧客抱怨務必反應給上級主管，不可因責罰而掩飾之。
6. 決不推托找藉口，以避免抱怨事件惡化。
7. 處理報怨的過程中，要注意特別尊重顧客的自尊。

（二）抱怨處理原則

旅館從業人員很容易因為情緒而影響，而在抱怨處理過程中導致對方不悅，因此牢記抱怨處理原則，能有效幫助抱怨處理。

1. 冷靜：先保持冷靜，決不可輕易動怒，使顧客更加生氣。
2. 傾聽：勿與客人爭辯，不推托責任，以鎮靜眞誠的態度，為忠實的聽講者。
3. 記錄：將事件之重點作成記錄，以利對上級報告。
4. 報告：將事件發生之經過及處理情況，向上級報告。
5. 辦法：提出一套解決之道，並向顧客以口頭或書信道歉，或以禮物等做補償。
6. 追蹤：事情過後，應追蹤抱怨處理的結果，探查顧客的反應是否滿意。
7. 檢討：單位內應針對抱怨事件之處理過程作一檢討，除有助將來類似事件之處理外，更重要是要能避免錯誤再度發生。

客房沙龍

散客抱怨處理小秘訣

　　旅館是一個小社會的縮影，每個旅客因來自不同的家庭環境，其需求自然各不相同，所以抱怨的處理也因人而異，但其首要是傾聽旅客意見，發自內心即時回應，常常要用「是是是…，但是…」委婉的語調處理，重點在於一定要傾聽客人敘述完整的經過後，才能回應，這點非常重要，至於結果的好壞與否，就關係到每位處理人員的誠心與作法了。

問題與討論見附頁 P.6

客房小達人

1. 服務業顧名思義就是靠＿＿＿＿＿＿＿賺錢的行業。

2. 對本國客人與外國客人的服務及態度，應能＿＿＿＿＿＿＿。

3. ＿＿＿＿＿＿＿是國際語言，不但能帶動氣氛，亦是化解冷場或誤會的最佳緩和劑。

4. 接聽電話的三大禁忌：＿＿＿＿＿＿＿、＿＿＿＿＿＿＿、＿＿＿＿＿＿＿。

5. 接聽電話三大要領：＿＿＿＿＿＿＿、＿＿＿＿＿＿＿、＿＿＿＿＿＿＿。

溫故知新

1. 顧客對服務的需求通常以一種週期性的行為,有尖峰和離峰的變動,面對服務需求的變動和服務能量的易逝性,服務管理可以採取三種策略:分散需求、調整服務能量、讓顧客等待。

2. 要將服務能量最大化,可將服務分為結構上及管理上兩大要素去執行。

3. 笑容是國際語言,它不但能帶動氣氛,亦是化解冷場或誤會的最佳緩和劑。

4. 電話服務的三大禁忌:久候、重覆問話、對答不得要領。

5. 電話服務的三大要領:二聲接起、切合內容、隨時記錄。

6. 抱怨處理原則:冷靜、傾聽、記錄、報告、辦法、追蹤、檢討。

7. 客務部是旅館業非常重要的部門,與各部門有著密切複雜的工作關係

8. 旅館裡,客務部被稱之為前廳或櫃檯,與房務部共同組成客房部。

9. 顧客在訂房至居住旅館期間,客務組有四個主要的工作階段及流程,包括抵達旅館前的服務、抵達旅館時、入住客房和退房等服務。

10. 客房是旅館提供旅客住宿和休息的主要設施,等同於旅客旅途中的家,客房也是旅館的主體,故其服務是旅館的核心。

11. 整潔之儀容,得體之應對,是現代社會中建立良好人際關係的第一步。

12. 笑容是國際語言,它不但能帶動氣氛,亦是化解冷場或誤會的最佳緩和劑。

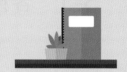

第三章
客務服務內容

從客人來電或以網路訂房,至櫃檯辦理入住登記,進到客房所接受的服務,以及旅客詢問有關服務、設施、城市和周邊情況等各種資訊的提供,一直到辦理離店結帳手續,整個過程都跟客務息息相關,其過程包括訂房、接待、總機、服務中心、郵電等,都需要客務人員的協助。

學習目標

1. 了解客務的組織與功能。
2. 了解客務的職責與定位。
3. 了解客務的工作內容。
4. 了解客務的服務注意事項。

3-1 客務部的職責與定位

　　客務部是旅館的精神中樞，與各部門有著密切的連結，舉凡客人服務或抱怨處理等大小事項，都是由站在第一線的客務部進行把關，可說是整個旅館的門面，客務部是最先接觸顧客的服務人員，其人員的服務及素養，也是確保旅館品質及提供客人對於旅館第一印象及滿意度的首重。客務部是旅館業非常重要的部門，與各部門有著密切複雜的工作關係，也是旅館的核心，其技術與服務是旅館成功經營的重要環節。

一、接待組的工作內容

　　辦理訂房事宜及訂房確認，旅遊界的業務連繫、佣金的核對、信函及電話回覆事項、客房業務策劃、推廣、協調及資料管理事項。行銷、接待、公關等部門的連繫、協調。顧客的接待、結帳事項、客帳處理、接受詢問的服務，推銷旅館的產品，並掌握正確的房態訊息（表 3-1、圖 3-1）。

表3-1　櫃台工作內容與特性

負責客房進住、遷出房間安排
接受客人詢問、留言、轉達、郵件、電報收發
注意住客帳項
清點鑰匙晶片卡
定機票、提供旅遊資訊、工商資料
處理訂房紀錄、行銷
相關報表製作
處理拾獲物及遺留物服務
保持親切整齊的服務態度

圖3-1　櫃台工作內容與特性

二、服務中心工作內容

　　每間旅館的服務中心工作內容不一，常見的有車輛的管理調度事項，旅館大門的交通秩序維護，行李運送服務，車站、機場接送服務，代購服務，行李寄存服務，物件、信件的傳送服務（表 3-2）。

表3-2　服務中心工作內容與特性

職稱	工作內容與特性
門衛	交通指揮、協助行李上下、維持大門秩序
門僮	替顧客開關大門、管制人員出入、發放節目表
代客泊車	開車取車、維持交通秩序
電梯員	上下樓梯服務、安全、報告電梯狀況、維持清潔
遞送員	遞送房客電報、信件、留言、文件
駕駛員	安全駕駛、維修保養、協助上下車
行李員	引導旅客辦理住房手續、搬運行李、回應客人需求、維持門廳清潔、保管行李

三、總機的工作內容：

　　旅館總機的學問大，其工作包括電話接聽、轉接、處理客人留言、客訴、設定晨間喚醒，以及維護總機設備確保正常運作（表 3-3）。

表3-3　總機工作內容與特性

排班、執勤
轉接國際、國內電話
費用核算入賬
執行客人交代事項
總機保養清潔維護
報表、單據等文件填寫

圖3-2　總機的工作內容與特性

四、訂房組的工作內容

　　客務部的訂房組（圖 3-3），亦是顧客接觸旅館的第一線人員，接受訂房的應對態度，連帶影響客人旅館的印象優劣，因此訂房組人員占有舉足輕重的地位。訂房組須接受散客、公司行號、旅行社、團體等訂房，其訂房方式有電話、傳眞、網路等方式（表 3-4）。

表3-4　訂房組的工作內容與特性

定房控制表	
接受、確認、核對訂房	
維護客人機密	
提示重要客人與注意事項	
銷售客房	圖3-3　訂房組

 客房沙龍

如何賣客房？

　　旅館行業是要長期經營的人力密集產業，改變經營型態不易，硬體也無法隨之改變，因此一家夠水準的旅館，不應以單一客源為主要經營策略，因為這樣就如同將所有雞蛋放進同一個籃子裡，非常危險，萬一單一客源因為戰爭、病痛，或者國家與國家間某種不可抗拒因素而造成客源流失，那這家旅館也將面臨退出市場的命運。除此考量之外，不同類型的旅館，其經營方式也不同，如城市旅館 (City Hotel) 及度假旅館 (Resort Hotel)，其經營方式就有很大的不同。另外淡旺季也會間接影響住房率及價位的制訂，通常度假旅館於寒暑假及固定假日，如春節過年等節日，常有一室難求及價格昂貴的情況發生；城市旅館餐飲盈收金額大部分會大於客房收益，度假旅館則恰好相反，而且因地域性不同，其定價亦不同，因此了解競爭對手的市場就顯得非常重要。

客房小達人

1. 客務部的＿＿＿＿＿＿＿負責辦理訂房事宜及訂房確認，旅遊界的業務連繫。

2. 門衛、行李員是屬於旅館的＿＿＿＿＿＿＿工作。

3. ＿＿＿＿＿＿＿的工作包括包括電話接聽、轉接、處理客人留言、客訴、設定晨間喚醒。

4. ＿＿＿＿＿＿＿接受訂房的應對態度，連帶影響客人旅館的印象優劣。

5. 銷售客房是＿＿＿＿＿＿＿的工作。

3-2　客務部組織與工作內容

客務部是旅館業非常重要的部門,與各部門有著密切複雜的工作關係,也是旅館的核心,其技術與服務是旅館成功經營的重要環節。本章將說明客務部門的工作內容與管理課題,並培養學生具有從事旅館業務的專業與能力,加強學生重視旅館業的態度與技巧(圖3-4)。

一、客務部組織

客務部各組相關人員在接待旅客遷入遷出時,應注意表現友善的態度,並迅速確實提供旅客詳細的資料。為提供旅客滿意的服務,某些動作必須反覆練習,才能不斷提升服務水準(圖3-5)。

圖3-4　客務部門的工作特質

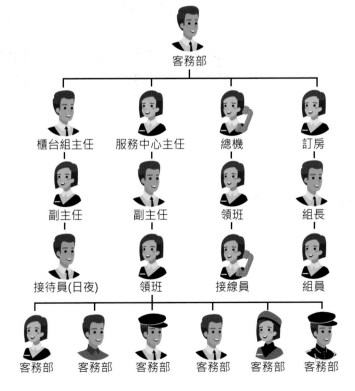

圖3-5　客務部組織圖

二、接待組工作內容

接待組又分為櫃檯、總機及機場接待三個單位。接待組乃旅館的門面，亦是服務旅客的精神中樞，客人對旅館的第一印象，往往從接待組開始，其重要性可想而知。其職務內容與全旅館皆有互動，尤與服務組、訂房組、房管中心及餐飲部連絡較為頻繁。其人員應具備的基本工作技能如電腦的基礎常識操

圖3-6　旅館櫃檯組的遷入工作

作、文書處理程式的運用、中英文打字、通訊軟體及電子郵件的使用（圖 3-6）。

三、服務組工作內容

服務組包括行李服務員、駕駛員及司門員，也是顧客接觸旅館的第一線人員，因此端莊的儀態、得體的應對、親切迅速的服務、優良的體能、敏銳的觀察力，是服務組人員應具備的基本條件；而工作能力則須具備基礎英日語會話（圖 3-7）。

圖3-7　服務組人員正在服務旅客辦理遷入動作

客房小達人

1. ＿＿＿＿＿＿是旅館業非常重要的部門，與各部門有著密切複雜的工作關係。

2. 服務組包括＿＿＿＿＿、＿＿＿＿＿及＿＿＿＿＿，也是顧客接觸旅館的第一線人員。

3. 接待組又分為＿＿＿＿＿、＿＿＿＿＿及＿＿＿＿＿接待三個單位。

4. 為提供旅客滿意的服務，某些動作必須＿＿＿＿＿，才能不斷提升服務水準。

5. 一個好的客務人員需有＿＿＿＿＿及＿＿＿＿＿。

客房沙龍

優質的服務接待技巧

Perfect Image 形象管理學院總監曾經在聯合報發表「優質服務，從你開始— 面對奧客，如何啓動善的循環？」一文，其中提到有 4 個改變，可讓感激直達對方心坎裡。

1. 以自己為出發→以對方為出發

「我要加湯。」與「請您幫我加一點湯好嗎？」同一個意思，但前者把自己當作主詞，後者把對方當作主詞，聽起來就截然不同，是不是很神奇？在話語中以對方當主詞，會讓聽話的人覺得這句話和自己切身相關，進而不由自主地更願意盡力提供協助，如此你不但達到了目的，也讓對方感受到自己的重要性，何樂不為！

2. 不看對方→眼神接觸

試著好好看著對方，用你的眼神說聲謝謝。對任何人而言，直接坦率的眼神接觸都是一種接納的表示，不過許多服務人員鮮少被「正眼」注視，更有不少服務人員提到，當顧客主動與他們建立眼神交流時，他們一開始會有些受寵若驚，但隨即接收到被肯定的積極感受。

3. 面無表情→面帶微笑

微笑不花你一毛錢，卻常常能換來更好的服務品質。比起面無表情的人，人們面對帶溫暖微笑的人，通常更有耐心、更樂意幫忙，更何況微笑還是最好的化妝品，能夠讓你年輕好幾歲，看起來親切又有教養。

4. 例行的「謝謝」→真誠具體的道謝

當你感謝對方的服務時，真誠、具體地感謝某一件事：

「謝謝您推薦的酒，和我們點的菜非常搭。」

「您的車子保養得真好，坐起來非常舒服，謝謝您！」

「謝謝您讓我試穿了這麼多件衣服，雖然現在暫時不需要，不過我之後會再來。」

聽起來是不是比單純的「謝謝」更令人印象深刻呢？

讀到這裡，你是否發現，既然服務的本質是由心而發地對別人好，那麼服務其實不只存在於商場，而是在你生活的每個層面。

我想邀請你，將服務帶到生活當中，不妨在穿上親人為你準備的外套、拿到同事為你準備的資料等等時刻，運用以上四個表達方式，將心中的感謝好好傳達給對方吧。

當我們從自己開始改變，也許就能影響身旁的人，也許有人會因此擁有完全不同的際遇。我相信，點亮生活就是這麼容易！

「服務的本質，最終源自人與人，不會因為產業的本質而有差別。」

3-3　客務部服務注意事項

客務部站在與顧客互動的第一線，其服務對旅客的影響最爲直接，因此應對需格外用心，以下列出幾項重要的服務原則：

一、客務人員的素質

客務人員親切的服務態度、專業技能、禮貌及同理心的表現，會讓客人有賓至如歸的感覺，進而提供安全感與舒適感。若客務人員能熟記客人的習性與喜好，則能提供更進一步的優質服務（圖3-8）。

圖3-8　客務人員的素質要項

二、客務應有熱情並且週到的服務

旅客離開熟悉的環境，到別的城市來工作，爲的是要體驗新奇感，有些人因工作而到陌生城市，孤獨感會增加，這個時候若有熱情的服務，提供旅客滿意的服務內容，可以減少旅客身體的不適和不順心。因此客房的服務項目必須齊全配套，各種服務必須迅速及時，且服務人員的態度必須做到主動熱情、親切禮貌，帶給旅客一種溫馨的氛圍，爲旅客創造一個舒適安全的環境，使客人得以很好地休息。因此安靜的休息環境也是重要的，應盡可能提供安靜的環境，加強噪音控管。

旅館的布局和裝潢應盡可能營造一種溫馨家庭的氣氛，強調典雅，並且空間充足，佈局合理，設施完善、裝飾精緻、保養完好、運轉正常、用品齊全、項目配套，且保持清潔衛生及可靠。尤其客房是客人在旅行期間的重要生活場所，因此客房必須具有足夠的空間和合理的布局，以滿足客人的需要。

另外客房的設施品質是客房服務質量的主要關鍵，因此，客房的裝修質量、設備的齊全程度、客房設備的等級、客房設備的完好程度都是旅館設備很重要的因素，如此才能提供好的服務。而客房的清掃服務，是保持客房整潔、設施完好的

重要環節。控制客房的清掃質量，關鍵是必須
建立科學的客房清掃規程，制定嚴格的崗位規
範，培養服務員良好的職業道德和職業規範，
並落實客房的各級檢查制度（圖3-9）。

圖3-9　客務應有熱情並且
　　　週到的服務

三、客務溝通的態度

　　客務面對旅客時，應不可操之過急，要以緩和、溫雅、關懷的態度面對旅客，
因此可提醒自己「先深呼吸，放鬆心情，才開口講話」，通常微笑點頭是良好溝通
的起點。接著以有效的溝通方法，來實現與旅客溝通的內容，並且等待對方提出問
題，向對方做簡要說明，表達理由或感受。溝通時不要輕易感到灰心，對方反應緩
慢時，可給予充分時間說明，必要時再簡短提供解說與回應。

　　溝通時發揮幽默感及風趣可留給別人好印象，但在旅館溝通的過程，遇見的客
人通常都是第一次見面，因此不可隨便開玩笑，應給予尊重，才是與旅客建立關係
的基礎。客務人員應盡量敏銳察覺內心感受，確定自己想表達的意思，進而體會對
方內心感受，給予適當的回饋；一方面專心傾聽對方所說的，抓住重點回應對方，
另一方面也藉此表達自己的了解。盡量避免溝通進行過度劇烈，且謹慎處理對方的
問題，並與對方溝通清楚。

四、入住前提供的資訊

　　TrustYou 團隊曾經提出研究成果，有八成的旅客期盼完成預訂後，立即成為旅
館的客人，因此旅館的住宿供應單位應啟動溝通機制，據調查，有 80 ％的人希望
透過電子郵件發送通知，而 73 ％的客人認為，結合電子郵件透過線上溝通管道很
重要，例如，使用社群媒體和簡訊進行溝通。另有三分之二的人期盼採用電子手段
溝通，而不是進行電話溝通，而 75 ％的客人想進行一對一的溝通，91 ％的人希望
在溝通中吸取經驗。

　　美國 TrustYou 的調查查訪了九百二十名成年人發現，旅客入住前，期盼收到的溝通訊息，包括，預訂確認通知（79％）、入住訊息（62％）、設施指南（40％）、預訂提醒（39％）、網上辦理入住手續（37％）、目的地訊息（25％）、設施資料（21％）和活動訊息（18％）等（圖3-10）。

圖3-10　旅客入住前希望得知的訊息
（TrustYou研究調查數據）

　　因此旅館業者必須在客人預訂時就開始進行溝通，並保持一貫的氛圍，還必須適應客人所期望的溝通管道。此項研究調查發現，大多數（76％）同意首選的溝通管道應該是，透過電子郵件溝通。其他溝通方式還有，旅館網站占了（27％）、簡訊（25％）、預訂網站（24％）、旅館應用程式（14％）和預訂應用程式（13％）等（圖3-11）。

圖3-11　旅客期待的溝通管道
（TrustYou研究調查數據）

　　旅館業者應該認知，在入住之前和客人進行雙向溝通，能更有效地滿足旅客的期望與展現更多的旅館價值。目前旅館與客人之間的溝通方式，電子郵件是最常用（69％）的互動方法，其他還有打電話（58％）、面對面（29％）、透過旅行社（19％）、發送文字訊息（16％）、社群媒體（15％）和書面郵件（8％）等，但許多溝通方式都是單一的，參與度不高。如今已經有許多即時通訊的溝通工具，被廣泛使用，例如，SMS（57％）、FB Messenger（36％）、iMessage（25％）、Skype（23％）、WhatsApp（19％）、Snapchat（19％）和 Google Hangouts（18％）等，這些工具都有助於雙向即時溝通，旅館業者應該更廣泛地使用，才能滿足旅客的需求。

住房小禮品

出國旅行一定會用到的詞庫

reservation agent：預訂代理

front desk agent：櫃檯代理

concierge：看門人

bellhop：侍者

hotel manager：飯店經理

lobby：大廳

elevator：電梯

stairs：樓梯

emergency exit：緊急出口

check in：入住

check out：退房

airport service：機場接送服務

shuttle service：接駁車服務

laundry service：洗衣服務

room service：客房服務

housekeeping：客房清潔

maintenance：維修

continental breakfast：歐陸式早餐

full breakfast (American breakfast)：全套早餐

vegetarian meals：素食

vegan meals：全素的餐點

standard room：標準房間

deluxe room：豪華房

superior room：高級房

family suite：家庭套房

honeymoon suite：蜜月套房

adjoining rooms：相鄰的房間

connecting rooms：連通房

wheelchair accessible：無障礙

special request：特殊要求

rack rate：門市價

promotion rate：促銷價

group rate：團體價

guaranteed reservation：預訂保證

upgrade: 升級

cancellation policy：取消政策

cancellation fee：取消手續費

service is excellent：服務是優秀的

service is satisfactory：服務是令人滿意的

service is unsatisfactory：服務是不令人滿意的

客房小達人

1. 客務應有熱情並且具_____。

2. 請列舉三項舉管可用之溝通方式：_____、_____、_____。

3. _____是與旅客良好溝通的起點。

4. 為旅客創造一個_____的環境，使客人得以很好地休息。

5. 服務人員的態度則應做到主動：_____、_____、_____。

溫故知新

1. 旅客從進到旅館，一直到辦理離店結帳手續，整個過程都跟客務息息相關，其過程包括訂房、接待、總機、服務中心、郵電等，都需要客務人員的協助。

2. 客務部是旅館業非常重要的部門，與各部門有著密切複雜的工作關係，也是旅館的核心。

3. 旅館總機的學問大，其工作包括電話接聽、轉接、處理客人留言、客訴、設定晨間喚醒。

4. 客務部的訂房組，亦是顧客接觸旅館的第一線人員，接受訂房的應對態度，連帶影響客人對旅館的印象優劣。

5. 客務部是旅館業非常重要的部門，與各部門有著密切複雜的工作關係。

6. 客務部各組相關人員在接待旅客遷入遷出時，應注意表現友善的態度。

7. 接待組又分為櫃檯、總機及機場接待三個單位。

8. 客務面對旅客時，不可操之過急，要以緩和、溫雅、關懷的態度面對旅客。

9. TrustYou團隊曾經提出研究成果，有八成的旅客期盼完成預訂後，立即成為旅館的客人。

10. 在入住之前和客人進行雙向溝通，能更有效地滿足旅客的期望與展現更多的酒店價值。

第四章
接待組（櫃檯接待）

櫃檯是旅館的重要門面，是旅客一進旅館會先接觸到的人，因此櫃檯接待人員應掌握著服務的關鍵時刻，不論是形象、儀態、服務、接待各環節都應注意其展現。因此本章將提供櫃檯接待的服務內容及技巧，並以提供接待的工作細則以做為入門者參考。

學習目標

1. 知道旅館櫃檯接待的工作內容。
2. 了解櫃檯接待服務的重要及技巧。
3. 熟悉櫃檯工作細則。

4-1 櫃檯接待與服務

櫃檯是旅館的門面,其櫃檯人員的形象、儀態、服務、接待,都會影響旅客對旅館的印象,因此若能熟悉接待守則,將能帶給旅客無形的優質服務,為其留下良好的印象(圖4-1)。

形象	儀態	服務	接待
要把握服務機會,才有下次服務機會	優雅及得體的服務態度,細心指引	體貼入微的服務,真正的關心	發自內心的肢體語言,且注意流程設計
①	②	③	④

圖4-1 櫃檯接待四守則

一、服務形象

人的第一印象有 93% 來自於外在,包括肢體動作、穿著打扮與語音聲調,而 7% 來自說話的內容,因此需從形象開始為出發點,認識自己、瞭解自己做合適的妝扮,並適當的表現自己的個性與工作能力,能建立個人良好的形象(圖4-2)。

圖4-2 櫃檯人員的內外在元素

二、內外在展現的注意事項

　　專業素養、專業風采、個人魅力都是很重要的元素，也要把握黃金六秒，建立良好的第一印象，才有機會積極展示自我內外的特質。而好的服裝儀容也是重要的，應要符合職場角色，並不是穿著講究、花枝招展，而是要針對職場角色的特質來調整自己的服裝儀容，才能為專業形象或服務熱誠加分。在穿著的部分，應買當季飾品，且適合自己身材的衣服，注意季節顏色。無論是頭髮、化妝、飾品、配件、香水，都應注意其合適度。無論是站姿、走姿、坐姿、行禮、表情，每一個環節都要留意。

　　站立時，也要注意手擺放位置、眼神、面部表情，並保持與人交談的安全距離，而行走時不要左顧右盼，且要注意鞋跟聲響，不要從正在交談的人群中穿梭而過，那是很沒禮貌的事；行進時隨時注意所帶領的旅客，遇到轉彎處，應放慢腳步等候旅客。

　　坐下時腳要碰地、臀部坐正不彎腰駝背，而且正確的姿勢不但是美觀問題，亦可減低身體壓力和身理上的不適。而得體的行禮包括頷首禮、欠身禮、歡迎禮、最敬禮，其中旅館服務最常用的是頷首禮與欠身禮（圖 4-3）。

圖4-3　頷首禮與欠身禮

三、禮貌用語

禮貌用語是一種尊重他人的具體展現，也是友好關係的敲門磚，不管是在日常生活中，或在社交場合中，學會使用禮貌用語十分重要。合乎禮貌的常用語言包括「請」、「對不起」、「謝謝」、「再見」等等，而旅館有一些常用的禮貌用語，是客務服務人員應牢記且常使用的。但禮貌用語需帶有感情，不單是脫口而出而已，公式化的禮貌用語會使旅客感到不愉快，因此應面帶微笑，發自內心，真誠的說出（圖4-4、圖4-5）。

謝謝您
請稍候
很抱歉
讓您久等了
我知道了
是的
好的
實在對不起

圖4-4　旅館禮貌常用語

用心的服務　　　　　用心的態度　　　　　用心的言詞

圖4-5　旅館櫃檯服務要素

四、旅館櫃檯常見的工作

櫃檯人員除了接待旅客及服務禮儀外，因站在第一線，很容易接收到旅客前來詢問或請求服務，因此常見工作如下：

1. 接受訂位或者是訂房並記錄
2. 接待顧客，安排位子或者房間
3. 回答有關旅館、觀光等服務問題
4. 為旅客轉交信件及留言
5. 對將離開之顧客結帳
6. 安排行李搬運、叫車等服務

五、旅館櫃檯的工作技能

櫃檯的工作很重要且繁瑣，因此需要較多的工作技能，協助旅客訂房並處理對內的行政事務，其常見工作技能如下：

1. 電話接聽與人員接待　　　2. 客戶問題的解決及解答
3. 處理客戶訂房及客房分配　4. 熟悉訂房系統作業操作
5. 辦理住房與退房的登記　　6. 行政事務處理能力
7. 提供客戶服務並維護客戶關係　8. 顧客接待與需求服務
9. 維持場所的整潔與美觀　　10. 監督旅客入住安全

 客房沙龍

智慧旅館的櫃檯接待

　　松山科技許啓裕總經理提到，隨著資通訊技術的進步，使用者對於資通訊與消費性電子產品的依賴程度也逐年增加，伴隨而來的是使用者行為模式的改變，傳統旅宿業因此面臨必須脫離過往經營模式的挑戰。例如過去大都是透過旅行社安排旅程與訂票服務，但是現在受到互聯網影響，資訊的取得更加方便，也成就了電子商務的蓬勃發展。

　　許多線上旅行社成立，讓傳統旅宿業者的行銷選擇更多元，但隨之而來的問題卻是使旅宿業者的房間庫存管理更加複雜，反而造成不便；除此之外，線上旅行社透過通路優勢所抽取的佣金也直接侵蝕了旅宿業者的利潤，而諸如飯店管理（PMS）、房控管理（RCS）以及中央監控（CMS）等各自獨立的管理系統，亦增加了旅宿業者的營運管理成本，加上近年來旅宿就業人口的不足，也導致旅宿業者的經營難度。櫃檯接待 3.0 結合物聯網與 PMS 管理系統，形成一整合服務系統平台，此平台可做為旅宿業者有效的行銷和營運整合工具，除了提供旅客自助服務，亦可以提供旅客良好的住宿與旅行體驗，進而建立旅店品牌與客戶忠誠度。

　　而這樣的平台提供了以下設計

1. 以旅客為中心的自助服務體驗設計。　2. 易於升級與維護的模組化設計。
3. 多種金流方式滿足不同旅客需求。　　4. 提供客製化的差異服務定位。
5. 容易導入的高整合與相容性系統。　　6. 無人旅店必備：行李寄放加值服務。

 客房小達人

1. ＿＿＿＿＿＿＿＿＿的形象、儀態、服務、接待各環節都是工作重要表現。

2. 櫃檯接待四守則包括：＿＿＿＿＿＿＿、＿＿＿＿＿＿、＿＿＿＿＿＿、＿＿＿＿＿＿。

3. 人的第一印象有＿＿＿＿＿＿＿來自於外在，包括肢體動作、穿著打扮與語音聲調。

4. ＿＿＿＿＿＿＿＿＿是一種尊重他人的具體展現。

5. 訂位及訂房是＿＿＿＿＿＿＿的主要工作。

4-2 櫃檯工作細則

　　櫃檯接待的工作內容有負責辦理客房租售及調度、管理客房鑰匙、旅客登記、接受旅客訂房與記錄、客房營運資料分析預測、貴賓接待並連絡相關部門、旅客資料建檔、客房分配與安排、提供旅客住宿期間通訊與秘書的事務性服務、旅客諮詢、旅館內相關設施介紹等。

一、櫃檯職務

　　櫃檯是平行連絡單位，全公司皆有互動，然就工作內容而言，連絡較為頻繁者為服務組、訂房組、Housekeeping 及餐飲部。櫃檯應具備之基本工作技能及機械操作，包括電腦之基礎常識操作及文書處理程式之運用、英文打字、傳真機之使用、VING CARD 製作機之使用，其主要工作如下（圖4-6）：

安排與調度客房之出售

製作及控制客房之鑰匙

接待貴賓及聯絡有關部門

工商服務及觀光詢問

旅客信件及留言之傳達

郵政電報電話傳真服務

保管箱之管理

外幣對換及結帳

圖4-6　旅館前檯應親切地與客人行禮招呼。

二、前檯作業

　　前檯作業（圖 4-7）的流暢度影響旅客入住旅館的觀感情緒，因此熟悉前檯作業是櫃檯接待人員的重要職責，其作業內容如下：

圖4-7　旅館前檯應親切地與客人行禮招呼。

（一）遷入 (Check-in, C/I) 工作事項

　　當旅客要入住飯店時，第一道手續便是辦理遷入手續，因此櫃台人員應熟悉操作流程，才能使作業流暢，以下說明。

1. 散客遷入 (FIT CHECK IN)　標準程序 (Standard C/I Steps)

　　(1)親切地與客人行禮招呼。

　　(2)確定客人是否訂房，並迅速找出訂房資料。

　　(3)與客人再度確認訂單上之姓名、住宿天數、房間型態、房價及注意事項。

　　(4)請客人清楚填寫旅客登記卡並簽名。

　　(5)將房間的鑰匙及旅館說明書一併交與客人。

　　(6)告知房號及電梯位置。

　　(7)告知行李員客人房號，並引導客人至房間。

　　(8)於客人離開櫃檯後，立刻將旅客資料輸入電腦。

　　(9)旅客登記卡、訂單及 Coupon 整理好，交由後檯人員登錄。

　(10)電腦輸入步驟 (Computer Key-In Steps)

2. 團體遷入 (GROUP CHECK IN)　標準程序 (Standard C/I Steps)

　　(1)C/I 前之準備

　　　①於上午依團體訂房資料 (Room Type 及房間數)Assign Room；並適當安排特殊要求。

　　　②旅行社來電報房號時，請核對房數、人數、及住宿日期。

　　　③報房號前須檢查電腦，房間是否已空出 (Vacant)；無誤則將房號依 Room -Type 報出。

　　　④報房號後，請將 KEY 做好，且在訂單正面註明「已報」；已報之房號不可再更動。

　　(2)C/I 前之準備

　　　①與導遊核對房數人數、Group No.、餐券等訂房資料。

　　　②引導遊至 Group Check-in 之位置。

　　　③將整包鑰匙及餐券交與導遊。

　　　④向導遊索取團體名單。

　　　⑤將導遊交待之 M/C 等重要事項寫在名單上。

　　　⑥電腦輸入步驟 (Computer Key-In Steps)

(3)核對：於房客資料歸檔登錄前，重新核對各項目之登記，訂正錯誤，除能使客人在 C/O 時有快速無誤之服務，對帳目之正確與否亦有相當的重要性。

① 核對項目

    a. FIT C/I：從訂房單、旅客登記卡、及電腦畫面，核對客人姓名、房號、房價、折扣數、住宿日期、及 Remards，例如：收 Voucher C/I 或 Copy 身份證。

    b. GROUP C/I：從訂房單、團體訂單、及電腦畫面、核對團號、團名、房間數、單價、總價、及是否有 FOC。

    c. 交易入帳：核對客人姓名，房號後入帳；若是餐廳直接入帳者，叫出畫面核對後放入帳單夾內。

② 核對之電腦步驟

    a. FIT C/I 核對：CENTRAL CASHIER SYSTEM。

    b. GROUP C/I 核對：CENTRAL CASHIER SYSTEM。

(4)交易入帳：將房客於館內之各項消費，隻人輸於同一電腦帳戶，房客可於 C/O 時一併付清，以免去多次付款的麻煩；有兩種輸入方式。

① 交易入帳：CENTRAL CASHIER SYSTEM

② 快速入帳：CENTRAL CASHIER SYSTEM

（二）遷出 (Check-out, C/O)

當旅客住宿期間結束時，即會至櫃檯辦理遷出手續，此時櫃檯人員即應將該旅客住宿期間內的一切消費，包括電話費、餐飲費、住宿費、洗衣費、冰箱飲料費等費用，作一結算。

1. 散客遷出 (FIT CHECK OUT)

  (1)作業流程

    ① 以房號叫 C/O 客人之電腦資料。

    ② 核對客人姓名，並詢問是否使用冰箱飲料，印出帳單。

    ③ 將帳單交與客人，並報總數，有折扣須蓋折扣章，並告知折扣數。

    ④ 於帳單夾內取出登記卡及訂房單。

    ⑤ 請客人確認帳單後向其收款。

⑥收款及找錢均須報錢數。

⑦親切道別並說「歡迎再度光臨」之話語。

(2)收款方式

　①收現（含外幣）

　　a.告知客人須付現款數，並將帳單置於桌上。

　　b.收款及找錢時均須報數額。

　　c.待客人確認無誤後，始可將現款收入抽屜內。

　②信用卡：可使用之信用卡共六種

　　a. AMERICAN EXPRESS

　　b. MASTER CHARGE

　　c. JCB

　　d. VISA

　　e. 聯合信用卡

　　f. DINERS CLUB

　③EDC 之使用：AE，VISA 及 MASTER 三家合用一部 EDC；聯合及 JCB 合用一部 EDC；DINERS 則用人工刷卡；操作流程如下。

　　a.信用卡直接刷於 EDC 上，經核准後印出帳單，於下方填上房號。

　　b.請客人核對信用卡帳單及旅店帳單，無誤後於二份帳單上簽認。

　　c.帳單第一聯交與客人，第二、三聯釘好，置於抽屜內。

　　d.若有不被核准者，應請客人換卡，並告知不被核准之原因（向卡公司查詢）。若因磁卡損壞無法刷卡者，可以人工 Key in 正確卡號即可。

　④刷卡機支使用

　　a.將信用卡置於刷卡機上印出帳單。

　　b.檢視帳單上之卡號、有效期限；並填上房號。

　　c.請客人確認後於二份帳單上簽名。

　　d.將持卡人聯交與客人，餘聯置於抽屜內。

　　e.以信用卡支付並開立發票者，應在發票上註明信用卡號碼及房號，並在信用卡帳單註明發票號碼，以利勾稽。

　　f. 若是代付帳款者，須向客人告知代付者或代付公司，請客人於核對無誤後，在帳單上簽名，或由代付者簽名並歸帳。

2. 團體遷出 (GROUP CHECK OUT)　標準程序 (Standard C/O Steps)

　(1) 公帳（Master）

　　　① 與導遊核對團號。

　　　② 印出 Master 帳單交與導遊。

　　　③ 告知起訖住宿日期、每日房間數、及用餐數。

　　　④ 請導遊於帳單上簽旅行社名稱及導遊姓名，或取得旅行社簽認。

　　　⑤ 詢問團體離開時間，請導遊於離去前至櫃檯 Check 私帳是否全數付訖。

　　　⑥ 確定結清後，通知服務組行李可放行。

　(2) 私帳

　　　① 以轉 Master 方式入公帳再依帳號印出團體各房間之私帳，向客人收款。

　　　② 私帳以 C/O FIT 之方式向客人收款。

（三）MESSAGE、FAX/TELEX 及 MAIL 處理

1. 標準程序

　(1) 收到 MESSAGE,FAX/TELEX, 及 MAIL 等件時，以電腦查明客人房號，確定時間。

　(2) 設定電腦信號通知客人。

　　　① FRONT DESK SYSTEM，入「23」。

　　　② SET ON MSG IND; 入房號，Enter。

　(3) 若為 MSG 及 MAIL 時，直接投入 MSG BOX。

　(4) 若為 FAX 時，應填寫 FAX 處理單（日期、房號、姓名、張數），再一起放入 MSG BOS。

　(5) 客人取件時，MSG & MAIL 直接交給客人，FAX 則請客人簽名，再於處理單上敲時間備查。

　(6) 確定客人收到後，取消電腦信號。

　　　① FRONT DESK SYSTEM，入「24」。

　　　② SET OFF MSG IND；入房號， ENTER。

2. 其他注意事項

　(1) 客人 C/I 前 MSG 等件之處理：

①有訂房者：將 MSG 等件敲上時間，放於訂單背面，訂單正面註明「MSG」字樣。

②無訂房者：存檔備查。

(2)C/O：依日期先後，將 MSG 等件存放於 C/O FILE 內。

(3)收到 PACKAGE 時

①查明房號，入燈號，留便條紙 MSG BOX 交代後，PKG 交服務組保管。

②客人 Request 或為 V.I.P. 則直接送房間。

(4)房客留言給外客時

①MSG 等件，置於櫃檯 DAILY BOOK 待取。

②PACKAGE 則通知服務組，依旅客存放行李方式處理。

（四）團體訂房工作事項（圖 4-8）

1. 於上午依團體訂房資料房型指定房間，並適當安排特殊要求。

2. 旅行社來電報房號時，請核對房數、人數，以及住宿日期。

3. 報房號前須檢查電腦，房間是否已空出，無誤則將房號依房型報出。

4. 報房號後，請將鑰匙準備好，且在訂單正面註明「已報」；已報的房號不可再更動。

圖4-8　團體遷入遷出時，應詳細核對各項資訊。

5. 與導遊核對房數人數、團體號碼、餐券等訂房資料。

6. 引導遊客至團體遷入的位置。

7. 將整包鑰匙及餐券交予導遊。

8. 向導遊索取團體名單。

9. 將導遊交待的晨間叫醒服務 (Morning Call, M/C) 等重要事項寫在名單上。

10. 將資料輸入電腦中。

11. 團體遷入：從訂房單、團體訂單，以及電腦畫面來核對團號、團名、房間數、單價、總價，以及確認是否有免費招待住宿。

12. 團體遷出 (Group Check-out)：

(1) 與導遊核對團號，印出主要帳單交予導遊，告知起訖住宿日期、每日房間數以及用餐數。

(2) 確認後請導遊於帳單上簽旅行社名稱及導遊姓名，或取得旅行社簽認。

(3) 詢問團體離開時間，請導遊於離去前至櫃檯確認私帳是否全數付訖。

(4) 確定結清後，通知服務組行李可放行。

客房沙龍

　　苗栗縣明湖水漾會館董事長林吉財是道地的科技人，民國 86 年創立靈知科技，專門研發飯店經營管理軟體，全台已有 1 千多家飯店、民宿等採用，因應人力短缺及一例一休等問題，新推出智能櫃檯機，讓房客自行操作入住、退房，節省人力及成本，服務人員可以走出櫃檯增加與房客的互動，讓服務更有溫度。

　　60 歲的林吉財早期是電腦業務員，向許多飯店推銷電腦時，業者都反映沒有管理系統不能管理帳務及處理客人訂退房，光有電腦硬體只能文書處理，沒有價值，讓他看好飯店管理系統的軟體的需求與商機。

　　林吉財說，因應一例一休、人口老化等人力缺口問題，尤其年輕人大都不願從事周六日不休假的觀光休閒業工作，因此朝智能櫃檯及利用雲端、網路、手機的行動櫃檯發展，5 月新推出智能櫃檯機，房客可以自行操作挑選房型、入住、刷卡或付現，大幅縮減櫃檯人力，服務人員可以走出櫃檯為客人奉茶、說明或幫忙操作，加強服務與互動，讓服務加溫，提高效率也減低成本，已有 6 家業者採用。

客房小達人

1. 櫃檯與全公司皆有互動，然就工作內容而言，連絡較為頻繁者為_____、_____、_____、及_____。

2. 旅客_____時，應將其住宿期間內的一切消費，包括電話費、餐飲費、住宿費、洗衣費、冰箱飲料費等費用，作一結算。

3. 旅館常用的信用卡種類：_____、_____、_____、_____、_____、_____。

4. 遷入時應確定訂單上的_____、_____、_____、_____。

5. 客房租售及調度、管理客房鑰匙、旅客登記、接受旅客訂房與記錄是_____的工作。

4-3　櫃檯服務要領

櫃檯是接待旅客的主要部門負責辦理住房與退房的登記，並提供旅館、觀光等的諮詢服務。櫃檯會遇到的事情多且雜，因此這類型的人通常對人和善、容易相處，關心自己和別人的感受，喜歡傾聽和瞭解別人，也願意付出時間和精力去解決別人的困擾。他們喜歡教導別人，並幫助他人成長。喜歡大家一起做事，一起爲團體盡力，善於和人互動，關心人勝過於關心工作（圖 4-9）。

圖4-9　櫃檯工作繁複，因此需情提醒自己保持良好心情

一、櫃檯常出現的狀況與困擾

櫃檯人員會遇見的狀況五花八門，經常會遇到旅館因臨時狀況，更改住宿或因忘記退房而影響旅館工作流程，櫃檯人員應有耐心應對，協助旅客解決問題。

（一）臨時續住

遇到一些旅客會臨時提出要多住一天或數天，這個在旅館的專業術語上，叫做「續住」；旅館是個很複雜且人多的商業場所，因此喜歡客人「先預訂」，不管是訂房間還是餐廳先訂位，尤其是餐廳會牽扯到食材與成本，如果能事先就知道某日來客量有多少，就可以先預先估算食材，以減低吃不完的食材耗損率。而在客房的部分，旅館也常常會有房間排期修繕、特殊指定之類的安排，如果當場訂房入住（旅館叫做「Walk in」）或是做一些臨時的變更，都會打亂這些安排。

這種臨時變更最令旅館困擾的，就是旅客臨時打電話來說要多住一天，如果當天住客的狀況還好，還有許多房間，就可以輕鬆安排讓旅客續住，又可以爲旅館創造收入。但如果當旅館客滿的時候，或是當天有很重大的團體要入住，或者是旅館當天剛好排程修繕，而客房剛好是安排的修繕空間之一，就會造成櫃檯的困擾。

（二）忘記退房

　　遇到有些旅客住的旅館是親友代訂，幫忙訂的人把退房的日期訂得跟實際住著的人不一樣，旅客忘記自己哪時要退房。有時也會遇到住宿期間內變動太大，一下子說會議要下禮拜一結束，改成下週三，又改成週五；旅客自己分不清楚，而櫃檯也很麻煩。另外，有些旅客因時差問題或跨時區旅行，有時會忘記「換日」這個自然地理現象，導致時間有落差，旅客以為是「明天」才要退房。還有遇到旅客要退房，但房間也沒整理，行李都沒打包，就一如往常地進行他的日常工作，留了一個「有住人」的房間在那裡。

（三）保密住宿

　　旅館業為了維護住宿者的隱私，會設置保密機制，旅館基本不會向旅客不認識的人，透露個人資料或是住宿資訊。這是旅館從業人員的專業操守及本分之一。另外旅館針對藝人、名人、有不可告人秘密之人，有一種保護措施，他們可以在辦理入住時（甚至是還沒入住時）告知旅館，請旅館不要告訴任何人他的入住消息。但旅客提出要求，旅館就會啟動這項保密措施，而這保密措施分成好多不同等級，旅館也可為旅客客製化。但比較麻煩的事，有些名人根本不會用自己的本名訂房，會隨便用一個名字訂房，比如國會議員喜歡用助理的名字訂房、藝人會用他經紀人的名字訂房。但是當旅客要求保密後，有時又約了朋友來拜訪，常導致櫃檯人員找不到人的狀況。

客房沙龍

　　礁溪老爺酒店總經理沈方正大學畢業兩個星期後，開始在飯店工作，至今已有 23 年，當時他的第一份工作是在櫃檯當接待，在大門口幫客人開門。他的同事經常問他，工作該怎麼做最容易獲得青睞？他指出有兩件事情，相當重要，一是表現有禮貌，二是工作最重要的——學習。

　　他認為在職場上很多事情就像吃飯一樣，你請別的部門同事幫忙，主管安排一個新的挑戰，或是公司給你一個新的工作機會……如果你將每一個機會都當成是別人請你吃飯的話，自然很容易成功，因為你念念不忘有人幫助你，給你機會與考驗。

　　此外，他提到的學習，就是在他開始工作的十年，從不問薪水有多少，不問這個職位有沒有幫助，升遷和職涯會如何；因為一開始他只是一個基層的工作人員，很多工作機會掌握在別人手上，唯一掌握在自己手上的是「我可以學」「我可以變成一個專業的人」，等到三、五年後機會來臨。他認為，怎樣過自己的生活，實現自己的夢想，也許最後不會成功，但那過程是重要的，過程中有很多人跟你一起走、幫助你，成就很多故事，因為這些過程結束後，每個人都是要到老天爺那裡報到的，但既然來了，人生就不該白走一遭。

客房小達人

1. 櫃檯常出現的狀況與困擾有_____、_____、_____。

2. 旅客臨時提出要多住一天或數天，這種狀況在旅館的專業術語上稱之為_____。

3. 請寫出三個旅館服務人員的特質：_____、_____、_____。

4. 為減少餐廳食材與成本的浪費，旅客應事先_____。

5. 針對藝人、名人、有不可告人秘密之人，旅館會設置_____。

溫故知新

1. 櫃檯是旅館的重要門面，是旅客一進旅館會先接觸到的人。

2. 人的第一印象有93%，來自於外在，包括肢體動作、穿著打扮與語音聲調，而7%來自說話的內容。

3. 櫃檯接待的專業素養、專業風采、個人魅力都是很重要的元素，且也要把握黃金六秒，建立良好的第一印象。

4. 站立時，要注意手擺放位置、眼神、面部表情，並保持與人交談的安全距離。

5. 行進時隨時注意所帶領的旅客，遇到轉彎處，應放慢腳步等候旅客。

6. 得體的行禮包括頷首禮、欠身禮、歡迎禮、最敬禮，其中旅館服務最常用的是頷首禮與欠身禮。

7. 櫃檯接待的工作內容有負責辦理客房租售及調度、管理客房鑰匙、旅客登記、接受旅客訂房與記錄。

8. 櫃檯是接待旅客的主要部門負責辦理住房與退房的登記，並提供旅館、觀光等的諮詢服務。

9. 旅館業為了維護住宿者的隱私，會設置保密機制，基本旅館不會旅客不認識的人透露您的個人資料，或是住宿資訊。

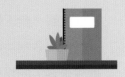

第五章
接待組（總機接待）

旅館的總機是一種用聲音做好貼心服務的工作，他不但要熟悉應對技巧，還要能察顏觀色，並且了解旅館內部所有的狀況，在面對來電所提出各種問題時，能給予即時及準確的服務，因此本章將介紹總機之基本工作及禮儀要項，提供給入門者參考，然而總機工作除了知識及技巧外，其人格特質也是相當重要的。

1. 了解總機的工作內容。
2. 明白總機人員的特質與禮儀。
3. 知道旅館總機的工作步驟及技巧。

總機須具備的工作技能除了良好語言能力、基本的電話應對技巧、熟記各部門分機號碼、員工姓名以及所屬單位外，也應了解各部門業務性質，以及確實敏捷的操作電腦各項功能的操作方式。此外，總機要溫馨、熱情、關懷，還要能在電話中就察覺客人的異樣或不悅，若接到客人電話抱怨，或發覺有所不悅時，要當機立斷將電話轉給相關主管處理，以即時回應客人的需求。

5-1 總機常見工作與電話禮儀

總機接待為旅館對外連絡單位，其服務優劣會直接影響到旅客對旅館的第一印象，故接聽電話時應盡量避免讓對方等太久，應答語氣應親切隨和，且經常使用「請稍等一下」、「謝謝」、「對不起」等用語。接聽電話時，不應吃東西或與他人聊天（圖 5-1）。

圖5-1　旅館的總機是用聲音做好貼心服務的工作

一、總機常見工作內容

總機的工作常會接觸到來自四面八方的人，因此工作內容相當繁複，需留意的細節也相當的多，其常見工作內容如下：

1. 接聽、應答及轉接電話。
2. 代掛國際長途電話並核算電話費，輸入電腦。
3. 電腦查詢住宿旅客的姓名、房號，核對正確後轉接之。
4. 接受房客及櫃檯交待的留言。
5. 接受房客及櫃檯交待的晨間叫醒服務。
6. 於大廳及餐廳廣播尋人。
7. 接聽旅客查詢旅館資訊的電話。

二、總機電話禮儀

電話禮儀是職場必備之基本素養，在電話接通的頭幾秒鐘，就決定對方對旅館的的印象，因此服務人員永遠沒有第二次機會來創造第一印象，也很難翻轉第一印象，而電話的特性是彼此看不見對方的表情。因此談話的音調及禮貌用語都應合乎禮節，才能使旅館總機成為處理事務、活絡人際關係及建立旅館形象的好工具。（圖 5-2）

圖5-2　總機對旅館的重要

三、電話禮儀注意要項

旅館的電話禮儀很重要，常常一通電話就會為旅館帶來宴會或訂房的利率，甚至是一個團體或者是一個大型商務會議的預訂。因此旅館業者應該加強電話禮儀，並培訓總機人員來提升經營效益（圖 5-3）。

圖5-3　旅館應加強培訓總機人員

四、總機接電話時的自我檢查

總機接電話時，應時常留意自己的應對態度，並提醒自己注意以下細節：

1. 打電話時，我需要的資料都會準備齊全。
2. 未接來電有留言，我會立刻回電話。
3. 接聽電話時，我的筆、紙都在手邊。
4. 我說話簡潔、準確。
5. 我說話清晰，語速較慢，對方很容易聽懂。
6. 我主動耐心傾聽來電。
7. 我盡量用與客戶，相同聲音、特性談話。
8. 我會把握適當時機讚美對方。

9. 我從來不一邊吃東西、一邊講電話。

10. 我會在鈴聲兩響接聽電話。

11. 我相信電話溝通，就像面對面對談一樣重要。

12. 我在電話中很友善、有禮貌、樂於助人。

13. 我不會打斷對方說話或任意接話。

五、電話禮儀與技巧

電話禮儀應注意三個技巧，一是保持機靈，二是洽當時機及回覆，三是要有同理心，我們將之稱為三 T，也就是機靈 Tact、時機 Timing、同理心 Tolerance（表 5-1）。

表5-1　電話禮儀要領

目的	通過電話，為來電者留下一個好印象，其中禮貌、溫暖、熱情是重要元素，因為我們代表著旅館的形象。
動作	與旅客進行電話溝通過程中，需要做必要的文字內容記錄，在寫字的時候一般會將話筒夾在肩膀上面，但電話很容易發出刺耳的聲音，給客戶帶來不適感。因此應左手拿聽筒，右手寫字或操縱電腦，這樣就可以輕鬆自如的達到與客戶溝通的目的。
聲音及表情	電話鈴聲響過三聲之內接起電話，你說話必須清晰，正對著話筒，發音準確，通電話時，你不能大吼也不能喃喃細語，而應該用你正常的聲音，並盡量用熱情和友好的語氣。 還應該調整好你的表情，且微笑可以通過電話傳遞，並使用禮貌用語如「謝謝您」、「請問有什麼可以幫忙的嗎？」、「不用謝」。
姿勢態度	接聽電話過程中應該始終保持正確的姿勢。一般情況下，當人的身體稍微下沉，丹田受到壓迫時容易導致丹田的聲音無法發出，大部分人講話所使用的是胸腔，這樣容易口乾舌燥，如果運用丹田的聲音，不但可以使聲音具有磁性，而且不會傷害喉嚨。因此，保持端坐的姿勢，尤其不要趴在桌面邊緣，這樣可以使聲音自然、流暢和動聽。此外，保持笑臉也能夠使來電者感受到你的愉悅。
複誦並確認	電話接聽完畢之前，不要忘記複誦一遍來電的要點，防止記錄錯誤或者偏差而帶來的誤會，使整個工作的效率更高。例如，應該對會面時間、地點、聯繫電話、區域號碼等各方面的信息進行核查校對，儘可能地避免錯誤。
電話結束前	最後的道謝也是基本的禮儀，旅客是旅館的衣食父母，公司的成長和盈利的增加都與客戶的來往密切相關。因此，公司員工對客戶應該心存感激，向他們道謝和祝福不管是製造業，還是服務行業，在打電話和接電話過程中都應該牢記讓客戶先收線。因為一旦先掛上電話，對方一定會聽到「喀嗒」的聲音，這會讓客戶感到很不舒服。因此，在電話即將結束時，應該禮貌地請客戶先掛斷，這時整個電話才算圓滿結束。

六、撥電話前的準備

　　撥電話前應有完善的準備，除了能有良好的通話品質，也較能臨時應對緊急狀況，其通話前的準備事項如下：

1. 準備工作。
2. 熟悉電話系統及操作。
3. 準備紙筆在手邊。
4. 事先準備談話所需資料。
5. 將洽談重點，依序簡要列記。
6. 除非緊急情況，否則別在上班及休息時間撥用電話。

七、接電話前的準備

　　總機常會面臨很多緊急狀態，因此接電話前若能有妥善的準備，將能創造更好的通話品質，其接電話前的準備事項如下（圖5-4）：

圖5-4　接聽電話七大步驟

1. 對旅館的狀況及最近事件要相當瞭解。
2. 聽聲音如見其人，要注意語調及語調需和緩。
3. 清晰俐落的能力。
4. 答覆態度負責。

5. 傾聽並且熱忱服務。

6. 知道重點。

7. 告訴對方你將如何處理。

8. 溫和有禮貌。

9. 慎保機密。

八、總機與電話相處

好的通話品質，需要好的工具與工作環境，因此總機的工作桌擺設若能留意以下細節，將能有更好的通話效能。

1. 電話機應放置在座位的前方以方便拿。

2. 電話機旁不應放杯子或較高的辦公用品。

3. 電話機旁應放便條紙，以便記錄。

4. 筒處可以放置茶葉包或香料包。

5. 電話線不要捲曲成一團。

九、處理來電的禁忌

旅客來電時，需要有良好的應變處理能力，處理過程應避免以下禁忌，以免造成旅客的不悅，導致客源流失。

1. 不可能，我們服務人員絕對不可能這樣做。

2. 這事我不太清楚，我幫你轉到別單位。

3. 規定就是這樣，沒辦法。

4. 我們旅館從來沒有發生過這種問題。

5. 這不關我的事，請你自己去問主管。

客房沙龍

沒人教更要懂得偷學

　　轟動一時的總機妹升副總的新聞主角陳靜儀，高中畢業未能順利升學，因此當了一年女工後，她有機會到建設公司上班，第一次當總機，陳靜儀經常「出包」；讓她印象最深刻的一次是，她沒在電話中辨認出自家董事長的聲音。各種不同的突發狀況，讓她有時會沮喪，有時也會不知所措。後來在工作上常偷偷觀察，在一次董事長秘書請假時，她平時的「準備」果然派上用場，一舉讓董事長留下深刻的印象。不但如此，她不挑工作，舉凡倒茶水、跑腿、買便當、影印都應聲答應。後來跳槽她更一路從業務助理做到今日的副總經理。

　　她回憶，工作最大的收獲是擔任總機階段，她說：「總機可以接觸很多人，讓自己多學一點。總機如果專業，會讓來電的人很驚訝：「原來這家公司連總機也能這麼專業，對公司是一種加分作用。」因此她鼓勵年輕人，眼界決定自己的世界，態度真的會決定自己的高度。

客房小達人

1. ＿＿＿＿＿＿＿＿＿＿是一種用聲音做好貼心服務的工作。

2. 總機工作除了知識及技巧外，其＿＿＿＿＿＿＿＿也是相當重要的。

3. 總機應經常使用＿＿＿＿＿＿＿＿、＿＿＿＿＿＿＿＿、＿＿＿＿＿＿＿＿等用語。

4. 電話禮儀的三T指的是：＿＿＿＿＿＿＿＿、＿＿＿＿＿＿＿＿、＿＿＿＿＿＿＿＿。

5. 電話響起應多久接起：＿＿＿＿＿＿＿＿或＿＿＿＿＿＿＿＿。

5-2 總機工作細則

總機工作是旅館與顧客互動的第一線，總機人員的話務品質會影響顧客對旅館整體服務品質的評價，因此不管是接長途或市內電話，都有其應注意的小細節（圖5-5）。

圖5-5 總機人員的話務品質會影響顧客對旅館整體服務品質的評價

一、接收市內電話

接收市內電話時，應有的流程及注意事項如下，若能遵守通話準則，將能提供旅客良好的服務印象（表5-2）。

表5-2 市內電話注意事項與流程

報出飯店名稱並問好	1. 鈴聲三響前接電話。 2. 先將耳機拿好再按入線路，以防客人聽到刺耳雜音。 3. 注意電話禮貌，口齒清晰，聲調柔和，語音親切。 4. 切忌邊吃東西邊接聽電話。 5. 同時有多條線路進來時，應研判情況之輕重緩急，隨機應變，以免讓客人久候。 6. 拒電客人之電話，應確實執行且小心應對處理。 7. 逢耶誕節、元旦、及春節時，應答電話須先報出 Merry X'mas、Happy New-Year、恭賀新禧等賀語。
複述	複述客人欲接通之房間或分機號碼。
接房間或分機	1. 查詢房客之房號，如查不到時應轉接櫃檯再查詢，不可馬上告訴來電者無此客人。 2. 轉接電話前，應先核對姓名房號以過濾。 3. 房號不可外報。‧查詢電腦，若客人剛 C/O 不久，則有可能在房內或館內，仍應試接房間或廣播尋找。
轉接無人接聽時	分機無人接聽時，轉接櫃檯問房客是否外出，如否則為其廣播尋人。
廣播	廣播後客人若在館內，則將電話轉至所在分機。
客人不在館內，則將電話轉至櫃檯留言。	1. 電話轉至櫃檯時，須將適才處理經過簡單告訴櫃檯。 2. 總機不應接受留言，但不得不接受時，須儘快將留言轉告櫃檯，以免遺漏。

二、接收國際及長途電話

旅客若以長途電話聯繫旅館，除了電話應有的標準流程外，還會產生費用，故應注意以下事項（表 5-3）：

表5-3　接收國際及長途電話注意事項與流程

問好	報出飯店名稱並問好。
電腦查詢客人房間號碼	1. 人名查房號之電腦程序：TELEPHONE SYSTEM。 2. 房號核對姓名之電腦程序：TELEPHONE SYSTEM。
掛帳	問清電話費掛帳何處
付費	來電者自付時，處理程序如接聽市內電話。
來電者要求受付時，處理程序	來電者要求受付時，處理程序如下： 1. 問清 OP 代號、來話國家、電話號碼、及來電者姓名，並請電信局回報分數及金額。 2. 告知房客有 XX 國家 XX 人打來之受付電話，詢問客人是否願意付帳。 3. 收到電信局回報，將分數及電話費告知房客；來話受付電話費之計算如下： 　(1) 國際台回報之金額　105%= 電話費 　(2) 電話費 10%= 服務費 　(3) 電話費 + 服務費 ＝ 總金額。 4. 填寫帳單並將電話費輸入電腦。

三、掛發長途國際電話

掛發長途電話過程，因有電話費之產生，故除了基本的電話通話流程外，還應留意以下事項（表 5-4）：

表5-4　掛發國際及長途電話注意事項與流程

問好	報出所屬單位並問好。
客人直撥者	1. 由電腦自動入帳，電話費依國際台價目加 20%。 2. 直撥方法：9+002+COUNTRY CODE +AREA CODE+TELEPHONE NO.。 3. AREA CODE 之 0 不須撥。 4. 總機代撥者：問清客人欲掛發之國家、地名、電話號碼、指名或叫號、自付或受付，並複述一遍。 5. 受付電話酌收機器維修費 NT$50。 6. 房客每撥一次 IODC，電腦即自動入帳 NT$50。 7. 亦可為業務單位掛發長途、國際電話，公務電話須登於「公務用國際長途電話登記表」上。

續下頁

國際	撥國際台或長途台
報明	報明發話人國家、電話號碼、指名或叫號、自付或受付，並要求回報分數及金額。
接通	接通後將線路轉接給房客或分機。
費用	將分數及電話費告知客人。
入帳	將電話費帳入電腦。
帳單	將帳單送至大廳櫃檯。
出納	餐廳客人則請出納員代收電話費，並送交帳單至大廳櫃檯出納。

四、晨間叫醒服務

旅館提供旅客晨間叫醒服務，服務人員應留意時間並準時提供叫醒服務，以免擔誤顧客行程，其叫醒服務之流程及注意事項如下（表 5-5）：

表5-5　叫醒服務之流程及注意事項

客人或櫃檯交待M/C服務	1. 客人自行來電要 M/C 時，務必複述其房號及時間，並以電腦確認客人 IN-HOUSE。 2. 將房號及總機代號登記在 M/C LIST 上面。 3. 櫃檯員交待 M/C 時，亦應將該員姓名登記下來。
大夜班人員依FIT及GROUP二組，將全部房號及時間等資料輸入電腦，預做設定。	1. 夜班人員應將總機所接收 M/C 資料，與櫃檯送交之 M/C 小單再次核對，以防有誤。 2. 如有房號無由電腦設定 M/C，即查詢櫃檯是否該房尚未辦理 C/I 或有換房。 3. 電腦設定 M/C 之操作程序。
電腦列印報表，以便核對客人及櫃檯交待M/C資料是否已設定無誤。	將團體名單與 M/C List 夾在一起
名單	翌晨電腦連線電話自動作晨間叫醒服務。
設定	M/C 預定時間一到，立刻查詢電腦電話是否已被接聽或客人
確認	電話中。
任務完成	若客人已接聽 M/C 則任務完成。
無人接聽	將帳單送至大廳櫃檯。
核對	餐廳客人則請出納員代收電話費，並送交帳單至大廳櫃檯出納。

五、房客留言及拒聽電話之處理

旅館提供房客留言及拒聽電話處理，服務人員應謹守旅客之要求，以免造成旅客困難，其房客留言及拒聽電話之處理流程如下（表 5-6）：

表5-6　房客留言及拒聽電話之處理流程

問好	報出所屬單位並問好。
房客交待留言或拒聽電話	若房客直接交待總機，則須知會櫃檯。
詢問	詢問拒聽對象、期限、及理由。
記錄	將房客姓名、房號、及交待事項知會同班者，並記載於留言簿。
設定	在值機台上設定請勿打擾「DO NOT DISTURB」 1. 設定「DO NOT DISTURB」之作業程序： 　A. 設定 　B. 取消 2. 設定完畢後應 Recheck 是否定完成，如欲強行接入則於房號後加接「7」即可。 3. 不得告訴來電者房客拒接電話，應以「客人出去了」或「客人沒回來，請問要留話嗎？」回答之。
取消設定	留言或拒電期限過後，記得取消設定。

六、處理高級主管之電話

高級主管因工作繁忙，常不在座位上，其電話處理與應對，更應留意，以免造成主管困擾，也會造成來電者不好的觀感（圖 5-6）。

問好
報出所屬單位並問好。

瞭解對象
問清來電者姓名及公司。絕不可先告訴來電者主管在或不在。

請示並轉接
請示主管是否接聽，有秘書在者轉給秘書即可。

圖5-6　處理高級主管之電話

七、帳務處理

撥接電話過程中，若協助帳物處理，應留意以下狀態：

1. 登錄經由總機轉接之長途國際電話於電腦。
2. 每晚整理經由總機轉接之帳目，做成「電話費日報表」存查。
3. 將當天客人所掛發之電話清單第二、三聯送交櫃檯出納。

八、處理申訴抱怨電話

若遇及顧客申訴或抱怨電話，應先傾聽、妥善處理，並呈報主管，以協助處理，其流程如下（圖 5-7）：

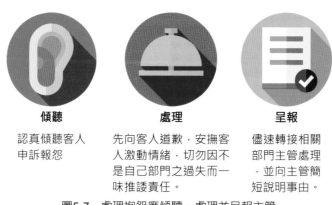

傾聽	處理	呈報
認真傾聽客人申訴報怨	先向客人道歉，安撫客人激動情緒，切勿因不是自己部門之過失而一味推諉責任。	儘速轉接相關部門主管處理，並向主管簡短說明事由。

圖5-7　處理抱怨應傾聽、處理並呈報主管

九、處理恐嚇電話

接聽電話時，若遇及恐嚇電話，應設法拖延時間，並報告主管協助處理，其處理要項如下：

1. 設法拖延通話時間，並切勿驚慌，保持冷靜，誘導對方多說話。
2. 即刻錄音，錄妥通話內容。
3. 報告大廳副理、本部主管及警衛。

十、找尋失物

協尋失物是旅館常見的事物之一，因此總機接待常會遇及找尋失物的電話，其協尋要項如下：

1. 客人來電告知遺失物品。

2. 詢問物品遺失地點時間。

3. 若於客房：轉接房管部處理。

4. 若於餐廳或公共場所：轉接大廳副理處理。

十一、接受各類查詢

　　總機接待除了電話應對外，也經常需協助各類查詢，其內容及注意要項如下：

1. 說明國際直通 IODC 之操作程序，電話費計算方式，世界各地時差等。

2. 介紹各種設施電話及傳真號碼、地址、餐飲場所、營業項目、營業時間、消費金額等。

3. 應答股東詢問有關股務之各種問題。

4. 應答客人及員工查詢市內電話及館內各部門分機號碼。

客房沙龍

總機妹變身董事長

　　聯廣傳播集團董事長余湘，年輕時從廣告公司的總機小姐，做到現在是全台第一間上市掛牌的廣告公司董事長，對她來說，之所以能有今天的成績，除了一路上的貴人相助，加上正向思考、積極的態度，是她認為最能夠解出成功的公式。

　　當年她的第一份工作，雖然擔任總機小姐，並不是理想中的工作，但她卻在一個月內，記住每位打來公司的客戶。她把看似容易的工作做到滿分，讓那時候公司的財務部出現職缺時，主管第一個想到的就是她。再加上她常常敢挑戰不可能的事，也認為很多事情沒有想像中那麼複雜，因此有著正向思考的她，很快就成為主管客戶紅人。

客房小達人

1. 旅館＿＿＿＿＿＿＿＿工作是旅館與顧客互動的第一線。

2. 處理抱怨電話應＿＿＿＿＿＿＿、＿＿＿＿＿＿＿並＿＿＿＿＿＿＿。

3. 轉接電話前，應先＿＿＿＿＿＿＿及＿＿＿＿＿＿＿以過濾。

4. 處理高階主管的電話三步驟為＿＿＿＿＿＿＿、＿＿＿＿＿＿＿、＿＿＿＿＿＿＿。

5. 總機＿＿＿＿＿＿＿接受留言，但不得不接受時，須儘快將留言轉告＿＿＿＿＿＿＿。

溫故知新

1. 旅館的總機是一種用聲音做好貼心服務的工作。

2. 總機工作除了知識及技巧外，其人格特質也是相當重要的。

3. 若接到客人電話抱怨，或發覺對方有所不悅時，要當機立斷將電話轉給相關主管處理。

4. 總機的服務優劣會直接影響到旅客對旅館的第一印象。

5. 旅館業者應該加強電話禮儀，並培訓總機人員來提升經營效益。

6. 總機不應一邊吃東西一邊講電話。

7. 電話禮儀應注意三個技巧，分別為機靈Tact、時機Timing、同理心Tolerance。

8. 總機應在電話鈴聲響兩聲或三秒內接起電話。

9. 總機與旅客進行電話溝通過程中，需要做必要的文字內容記錄。

第六章
訂房作業

客房部之訂房組，是顧客接觸旅館的第一線，決定旅客對旅館的印象優劣，以及決定接受訂房的成功與否，訂房組人員佔有舉足輕重的地位，其重要性可想而知。因此得體的電話應對、純熟的訂房作業技巧、及親切迅速之服務，是每一位訂房組人員應具備之基本條件。因此本章就訂房作業、工作細則及常見狀態作為內容介紹，也提供訂房人員工作要件，供入門者參考。

學習目標

1. 了解訂房人員需具備的條件及基本作業。
2. 了解訂房人員工作內容。
3. 知道訂房工作的注意要項。

6-1 訂房及作業

訂房組人員隸屬客房部訂房組，平時的平行聯絡單位為接待組、服務組、房管部、餐飲部。一般訂房員應具備國、台、英、日語能力，需能中英文打字，使用個人電腦、傳真機及訂房資訊系統。訂房單位常是旅客會接觸到的第一個旅館服務，決定客人是否消費，所以其服務品質對旅館的業務和客人滿意度影響甚大。（圖 6-1）

圖6-1　訂房服務品質對旅館的業務和客人滿意度影響甚大。

一、常見的訂房方式

臺灣提供旅客訂房的方式一般包括電話、傳真、信函、網路等，其中因網際網路的普及，使用網路訂房最為常見，電話訂房為次之。一般旅館都有自己的網站及線上訂房系統，因此旅客可以在瀏覽過旅館網頁，得知客房資訊後，直接在線上訂房。訂房作業的確實與否，會直接影響到旅客抵達旅館時的相關單位作業。此外，訂房單位為旅館客房業務的重要來源之一，若是訂房人員作業不夠確實，會直接影響到旅館業務。

因此，當旅客來電詢問訂房事宜時，訂房員除了做好訂房動作，還需立即取得旅客的基本資訊，如旅客姓名、聯絡方式、入住日期、住宿人數，並須向旅客詳細說明合適的房型、房間數，並提供房價說明（圖 6-2）。

圖6-2　訂房工作應確實。

二、訂房組作業

有的旅館沒有設訂房組，會由櫃檯人員兼任，但不論是由誰接受訂房，他們都必須非常了解各種房型的空間、格局、設備、房價及目前優惠狀態，以及旅館的各項促銷方案等，才能跟旅客清楚的介紹，並給予訂房的建議，訂房人員在接受顧客的訂房時，要首先查詢空房狀況，確認旅館仍然有空房，才接受訂房。在接受訂房時，應依「訂房登記卡」所需的各項資料，逐一詢問顧客並填寫。訂房組一般負責客房租售、接受旅客訂房與紀錄、客房營運資料分析預測、旅客資料建檔、客房分配與安排等（圖6-3）。

圖6-3　訂房人員要熟悉旅館各項產品

三、訂房人員及工作職責

訂房人員必須要熟悉旅館的客房產品及各種銷售價格，如合約公司價、國人優惠價、旅行社團體價、會議住房專案價等，且要擁有良好的服務態度、耐心和熱情，更需具有隨機應變的能力，以因應不同的臨時狀況。若有特殊的訂房詢問，應主動轉達主管，把旅館的顧客留住。另外需定期彙整訂房相關數據，提供管理階層資訊作為決策參考。

訂房人員應準時打卡上下班，整肅儀容，並檢查服勤時配件及使用物品。並記得保持笑容，適時而親切的向客人問好，對客人的要求應能正確而適當的應對。對服務的旅客也要一視同仁，給予同等待遇。對旅館應有基本認識，如旅館的正確名稱、主管姓名及稱呼、公司的歷史、公司內各項設備及營業場所等（圖6-4）。

圖6-4　訂房員具有隨時應變的能力

　　訂房人員應注意，不可板起臉孔、不可大聲講話、不可在工作場所跑步、不可大聲搬運東西，更不可說「不知道」，並愛惜公物，減少破損。在上班中不可搭乘客用電梯，聽到電梯響，旅客出入時，應起身問好，且不可穿著制服在公司內各營業餐廳進餐。

　　除了已報備請假核准外，不准擅離工作崗位，且嚴禁在營業場所大聲喧嘩製造噪音，更不可爭吵打架。在值班時間，嚴禁在營業場所吃喝東西、嚼口香糖或抽煙，工作時間不接聽私人電話和接待親友，在營業場所中不得照鏡子、梳頭、或化妝，並不得有不雅舉動如雙手抱胸或搔癢；若拾獲遺失物，應立即報告主管處理。

四、主要工作任務

　　訂房的工作及流程繁複，除了良好的應對外，還有許多相關的工作流程，應留意的事項如下（圖6-5）：

1. 客房之預售及控制。
2. 接受各類訂房及處理訂房之變更或取消。
3. 訂位未報到 (NO SHOW) 訂單處理及預付訂金之收取。
4. 訂房之確認。
5. 訂房資料之處理、電腦輸入、特別名單、報表之製作。
6. V.I.P. 訂房須知及禮遇。
7. 業務行銷報告 (SALES REPORT) 之製作與寄發。
8. 定期與櫃檯核對房間控制之情況。

圖6-5　訂房員的主要任務是協助旅客順利訂到滿意的房間。

住房小禮品

旅館促銷活動提高訂房率

旅館可透過各種行銷管道來形塑其良好的形象，例如注重企業社會責任方面，可舉辦弱勢團體贊助活動及公益活動，除此之外，每年均可透過旅館每季大型異業合作促銷活動，由媒體正面報導，達到提昇消費者對於旅館各項服務品質的認同度，也就是藉由活動的舉辦，讓消費者不會忘記你，甚至認同你，並要記得要做市場區隔，進而創造特色，成為話題，如此一來，就可以透過免費的媒體報導，進而增加客人對旅館的滿意度。

客房小達人

1. 訂房組人員平時的平行聯絡單位為＿＿＿＿＿＿＿、＿＿＿＿＿＿＿、＿＿＿＿＿＿＿、

　　＿＿＿＿＿＿＿。

2. 臺灣提供旅客訂房的方式中，最常見為＿＿＿＿＿＿＿及＿＿＿＿＿＿。

3. 訂房員除了協助旅客完成訂房外，應立即取得旅客的基本資訊如：＿＿＿＿＿＿＿、

　　＿＿＿＿＿＿＿、＿＿＿＿＿＿、＿＿＿＿＿＿。

4. 訂房人員應了解各種房型的空間、＿＿＿＿＿＿、設備、＿＿＿＿＿＿及目前優惠狀態。

5. 訂房員除了有良好的服務態度、耐心和熱情，更需具有＿＿＿＿＿＿的能力。

6-2 訂房工作細則

訂房的方式有許多種，而隨著科技時代的影響，訂房的工具及方式也增加許多，不論工具如何轉變，其訂房都有一定的工作細則，其細則及要項如下：

一、散客 (F.I.T.) 及公司行號之訂房電話訂房

散客 (F.I.T.)、公司行號是旅館長期及主要顧客，其訂房過程應留意以下事項，以提供顧客完善的訂房服務及良好之印象（圖 6-6）。

圖6-6　訂房人員應熟悉工作細則，才能協助旅客完成訂房。

1. 接起電話，報公司、單位、及問好。
2. 問明住宿日期及房間種類。
3. 查詢電腦 HOUSE COUNT。
4. 問明客人姓名、訂房公司、名稱、聯絡電話、聯絡人等資料。
5. 填寫訂房單，必要指定房號者，先做預留 (BLOCK)。
6. 查詢客人個別資料。

    (1) 已有客人舊紀錄 (Guest History) 者，則依其資料如常客。

    (2) 會員 (Welcome Member)，則依其享有之優待予以禮遇。
7. 將訂房資料輸入電腦。
8. Account No. 記載於訂單左上方。
9. 訂房單分類歸檔。

二、散客 (F.I.T.) 及公司行號之傳真信函訂房

隨著網路的發達，其傳真或信函訂房的機率減少許多，但仍有部分旅客會透過傳真或信函訂房，因此訂房人員應知道傳真或信函的訂房守則（圖 6-7）。

圖6-7　公司行號訂房通常為熟悉的旅客，更應保持服務的品質。

1. 詳問來件內容，注意月份、日期、房型 (RoomTpye) 等。

    (1) 應熟知一般之電報用語及省略字。

    (2) 切勿遺漏來報 FAX 上所載之請求事項，除了發函確認外，應詳載於訂房單上，並知會有關部門。

2. 填寫訂房單。

3. 訂房資料輸入電腦，訂房單分類歸檔。

4. 繕寫電報回文，FAX 打字。

    (1) 應儘速回覆，避免對方久候。

    (2) 如係特殊報價或須正式發函之文件，均須呈閱主管核準後，始可發出。

    (3) 發 FAX 確認。

    (4) 回文文件歸檔備查。

三、散客 (F.I.T.) 及公司行號之訂房之變更或取消

遇到散客 (F.I.T.) 及公司行號訂房變更或預取消訂房時，除了耐心協助外，應注意以下流程：

1. 接到變更或取消訂房之通知時，先查詢電腦資料。

2. 找出訂房記錄（訂單）。

3. 更改訂單，並在備註欄加註變更或取消之內容、日期、及更改者。

4. 更改電腦記錄。

5. 訂房單歸檔。

四、旅行社一般訂房

旅行社是為旅館的大宗客戶，因此應妥善協助處理訂房，避免顧客之流失，其訂房要項如下：

1. 旅行社 (T/A) 要求訂房，問明住宿日期及房間種類。

2. 查看電腦 House Count。

    (1) 未客滿：接受訂房，確定旅行社 (TRAVEL AGENT，簡稱 T/A) 之名稱、團號、日期、房間數、連絡電話，並要求 T/A 寄發或 FAX 訂房確認單。

(2) 客滿：暫排 Waiting，房間狀況許可後，再給 OK。

(3) 填寫訂房單，註明 Waiting，歸 W/T 檔。

(4) PACKAGE 訂房：係指 8 間以下之旅行社訂房，訂單以白色訂單填寫，價格為旅行社之 F.I.T. 價。

(5) GROUP 訂房：係指 8 間以上之旅行社訂房，訂單以綠色訂單填寫，價格為旅行社之團體價。

3. 輸入電腦：團體訂房因房間數較多，一接受訂房，應立刻輸入電腦，以防止 Overbooking 之發生。

4. 訂單歸檔

五、年度系列旅行社

旅行社年度系列訂房，以郵寄或 FAX 為之；此種系列訂房，出團日期較固定，但團體房間數變動或取消率較高，接到此類訂房時，處理步驟如下：

1. 接到旅行社年度訂房，先查詢電腦 House Count，看預訂日期是否客滿，客滿則於訂單上加註 Waiting。

2. O.K. 之訂房，依日期填寫訂房單。

3. 輸入電腦，設立帳號；全部輸入電腦後，須再次核對日期是否有重疊或遺漏。

4. 訂房資料呈上級主管批閱。

5. 回覆旅行社訂房結果：不能全部確認 O.K. 的部分，則註明 Waiting，將給予優先安排。

6. 訂單連同旅行社系列訂房資料歸入各旅行社檔案。

7. 依訂單日期先後，進行訂房確認工作。

六、旅行社訂房單處理

旅行社訂房處理，除了耐心協助及完善處理外，還應注意以下事項：

1. 收到旅行社訂房單。（說明：旅行社以電話訂妥房間後，通常會再寄或 FAX 訂房單來確認，可能為一式二聯或三聯）。

2. 從檔案找出電話訂房所寫的訂單。

3. 核對訂房單與訂房記錄是否相符。

    (1) 內容應包括：到達日期、離開日期、團號、房間數及付帳方式等。

    (2) 若記錄不符，則以電話向旅行社確認何者正確。

4. 加註人數、班機、電話等於訂房單上。

5. 內容無誤，則加註確認日期於訂房單上。

七、每日訂房確認

    訂房工作繁複，除了每個訂房之協助處理工作外，訂房人員還應注意每日訂房，並進行電話確認，其注意事項如下：

1. 準備好次日到達之訂房的訂單。

2. 將之依公司行號或旅行社分類。

3. 進行電話認，確認內容如下：

    (1) 旅客姓名是否正確。

    (2) 旅客到達的班機及時間。

    (3) 是否接送機。

    (4) T/A 的付帳方式，是否備早餐、住宿天數、人數。

    (5) 公司行號代客付帳者，問明是付那些項目。

    (6) 折扣及價格的確認。

4. 於訂房單加註確認情形。

5. 訂房資料有變更者，立即更改電腦記錄。

八、團體 (GROUP) 訂房之確認

    GROUP 訂房較一般訂房繁複，因此訂房人員應留意以下事項，以完善處理團體訂單。

1. 將欲進行確認之團體訂單分類。

2. 以電話或 FAX 執行 Reconfirmation。

3. 有變動者，於訂單加註變更內容，並更改電腦記錄。

4. 無變動者，於訂單加註確認日期。

5. 將訂單歸檔。

6. 確認標準

(1) 長時間以前預訂者：二個月前確認一次。

(2) 下月份整個月份的團體訂房：每月 20-25 日進行確認。

(3) 當月份下半月訂房：每月 10 日左右進行確認。

(4) 客滿日或 Overbooking 之訂房：抽出該日期之訂房，以要求名單或預付訂金之方式確認訂房。

(5) 團體到達前一至二日：進行最後一次確認，此時之確認應較仔細，與每日之確認方式一致。

九、V.I.P. 訂房須知及禮遇

V.I.P. 訂房之處理，常會接觸到旅館重要之客戶，因此訂房人員因細心處理，其處理要項如下：

1. 接獲 V.I.P. 訂房，先分辨其種類，V.I.P 之類別如下：

(1) 董監事級 V.I.P。

(2) 政府級 V.I.P。

(3) 企業界 V.I.P。

(4) 同業 V.I.P。

2. 以紅色訂單填寫訂房資料。

(1) 查明 CHECK IN/OUT 時間。

(2) 填寫 V.I.P 預知單

①姓名職稱（頭銜）。

②到達日期／離開日期。

③房間類別。

④折扣。

⑤送花水果服務。

⑥訂房單位。

3. V.I.P Check in 前一日，由訂房組填寫 V.I.P List。

V.I.P List 正本：由訂房組留存歸檔。V.I.P List 影本： 將 V.I.P List 影印，呈交各有關部門及主管，以預知 V.I.P 動態；影本分送之單位包括：

(1) 總經理。　　　　(2) 協理。　　　　(3) 客房部經理。

(4) 櫃檯。　　　　(5) EBS Counter。　　(6) 總機。

(7) 服務組。　　　(8) 大廳副理。　　(9) 房管部。

(10) 警衛室。　　(11) 訂席組。　　(12) 業務中心。

4. V.I.P Check in 當日，在其 C/I 前，應將花、水果送達房間排放整齊，並附上歡迎卡片。

十、訂位未報到 (NO SHOW) 訂單之處理

NO SHOW 訂單即是「訂位未報到」，顧名思義，就是已訂好客房，但沒有在期限前報到者，因此會產生帳務問題，故應妥善處理，其處理方式如下：

1. 一般公司行號個人之訂房

(1) 查詢電腦，確實沒有住進來，則與原公司行號、訂房者連絡確認。

(2) 若是住宿日期有變動，則更改電腦記錄，訂單更改日期後歸檔。

2. 旅行社訂房

(1) 查詢電腦無誤，則與旅行社聯絡。

(2) 視情況收取違約金。

3. V.I.P. 訂房

(1) 確認方式同「一般公司行號個人之訂房」NO SHOW 之處理。

(2) 呈報主管知悉。

(3) 通知房管部取出房內贈送之花、果、禮品等物件。

4. 違約金之收取標準

(1) 取消或減少訂房房數者

①住宿當日：照取消或減少之房數收取一日之房租。

②住宿日期前一日（含）至前三日（含）：照取消或減少之房數收取一日房租之 50%。

③住宿日期前四日（含）至前七日（含）：照取消或減少之房數收取一日
房租之 10%。

(2) NO SHOW 者：照訂房房數收取一日之房租。

十一、DEPOSIT（訂金）之收取

旅館向旅客收取訂金，除保帳雙方權益，也能精準控制房間數，因此訂金收取
是訂房的重要事項之一，其注意事項如下：

1. 收取訂金之原因

(1) 客人自願預付以確保訂房。

(2) 客滿日子，要求預付訂金以精準控制房間數。

(3) 較少往來之旅行社或財務信用不佳之公司，依例不准簽帳。

2. 收到訂金的處理步驟

(1) 收到訂金可能是現金、匯票、國內外支票、信用卡等。

(2) 填寫二聯的客人預付憑證 (Guest Deposit Voucher)，載明金額、姓名、日期、
電腦帳號等。

(3) 填寫 Deposit 收存簿。

(4) 將 Deposit 交出納轉存入帳收存簿，Voucher 交出納會簽。

(5) Deposit Voucher 歸檔，一聯存訂房，一聯存出納。

(6) 抽出訂房單加蓋 Deposit 章，並填上 Deposit 金額及支票號碼。

(7) 電腦資料上加註已付 Deposit 之金額。

(8) 訂房單歸檔。

十二、佣金給付對象及標準

旅行社代客人訂房，是旅管大宗的客源之一，因此提供旅行社佣金，作為協助
處理旅客訂房服務，也可協助旅館營運，增加客源。

1. 給付對象：指旅行社代客人訂房，而客人自付帳，在不打折的情況下，客人
退房後，旅行社可以得到一成 (10%) 之佣金；一般公司代客人訂房，雖沒有打
折，依慣例也不付給佣金。

2. 給付標準

(1) 一般慣例：以一成爲準，即訂價之 10%；如房價爲 NT$5,000 則佣金爲 NT$500。

(2) 國外代理商：視契約條件有所不同。

(3) 要求享有折扣：因已優待折扣給客人，雖客人自付帳，也不須保留佣金給旅行社。

十三、其他

各家旅館會因其特性，調整其訂房步驟，但其訂房標準大致相同，常用訂房代號說明如下表（表 6-1），其訂房過程有一些需要填寫的表格，依各家旅館需求而不同，附圖（圖 6-8、圖 6-9、圖 6-10）爲訂房過程常見表單，供參考之。

表6-1　訂房代號說明表

CODE	DESCRIPTION	中文說明
1	FIT RESERVATION	一般公司行號或個人之訂房使用
2	GROUP RESERVATION	一般公司行號, 團體機構 8RMS 以上時使用
3	EBS	簽約公司訂房專用
4	T/A	旅行社訂房專用
5	W/M	WELCOME MEMBER 訂房專用
6	HISTORY	有歷史檔案之客人訂房專用
7	CHANGE	更改訂房資料專用
8	CANCEL	取消訂房資料專用
9	RESERVATION CHART	查詢特定日期之團體訂房專用
10	FUTURE AVAILABILITY	查詢未來房間出售之情況專用
11	TRAVEL AGENCY MENU	查詢旅行社資料專用
12	EBS MENU	查詢簽約公司資料專用
13	GUEST HISTORY MENU	查詢客人歷史檔案資料專用
14	INQUIRY SYSTEM	由此可依人名公司名 ARR.DEP. 等查詢詳細訂房住房資料
15	ROOM BLOCK & KEY LOST PROCESS	ROOM BLOCK 專用
16	ROOM BLOCK & KEY LOST INQUIRY	查看 ROOM BLOCK 之情形專用

図6-8　行李登記單

安心入住大飯店

№ 005799

旅客姓名 GuestName お客様のお名前	
房　號 Room No. ルームナンバー	
行李件數 荷物数	

C/I:	C/O:
SECTION	CLERK

図6-9　團體訂房同意書

團體訂房同意書

致：		傳真機號碼：			電話號碼：	
使用者(公司/人名)					訂房編號：	
公司/機構					統一編號：	
使用日期	民國　　　年　　月　　日　至　　　年　　月　　日					
預定內容						
預定金額	訂　金：　　　　元					
保證書回傳期限	民國　　年　　月　止。本飯店將以此保證書為授權，向銀行收取該筆訂金。					
持卡人姓名					(請填寫中文正楷)	
持卡人簽名					(請與信用卡簽署字樣同)	
身分證字號				行動電話		
信用卡別	□VISA　　□MASTER　　□JCB　　□AE　　□DINERS					
信用卡號	□□□□—□□□□—□□□□—□□□□					
信用卡有效期限	至西元　　　年　　　月止					
發票地址						
※匯款帳號※	銀行：　　　　　　ATM代號：　　　帳號： 戶名：					

※如未能在保證書回傳期限內回傳，請先電話告知，如未告知，房間將不予保留，不另行通知。

一、訂金收據：團體預定皆需預收保證金。平日收取預定總額1/3(需在訂房OK後10天內)，假日收取1/2(需在訂房OK後7天內)，(已預訂房間總計)。距住房日不到一個月之預定，需在預定後三天內立即繳交保證金，未依期限內繳交訂金，飯店有權於通知後取消該預定。

二、訂房變更：團體預定應於10(含)天前做最後確認，飯店有不接受日期之更改；若欲房間數量減少，比例將以總訂量10%為上限，且需連原預定金額90%最低保證消費，10天內則不接受任何狀況變更。

三、訂房取消：平日團45天前，假日團於60天前，扣除刷卡公司3%手續費或歸資後餘額全數退還；平日團44-30(含)天前，假日團於59-45(含)天通知取消者，預訂金可延至三月內使用有效；平日團29天至出發前，假日團於44天以前通知取消者，客戶再補足預估金額之90%費用，除遭遇不可抗拒因素，如：出發地與到達地公布不上班不上學之颱風警報、地震...等因素導致交通中斷可延3月內使用。

※請確認保證書中內容無誤後填妥您的信用卡資料回傳至安心入住大飯店。

中　華　民　國　　　　年　　　月　　　日

図 6-10　旅客登記卡

旅客登記卡
GUEST REGISTRATION CARD

旅客姓名 GUEST NAME	SURNAME	FIRST NAME	房型 ROOM TYPE	房號 ROOM NO.	房價 ROOM RATE		
護照/身份證號碼 PASSPORT/ID NO			國籍 NATIONALITY	出生年月日 DATE OF BIRTH	YEAR	MONTH	DATE
			報紙 NEWSPAPER	□中文　　□ENGLISH			
居留期間 DURATION OF STAY	CHECK IN	CHECK OUT	TEL e-mail				
公司名稱 COMPANY			統一編號				
地址 ADDRESS					FD		
REMARK	10% SERVICE CHARGE WILL BE ADDED TO YOUR BILL . CHECK OUT TIME 12:00 NOON						
旅客簽名 GUEST SIGNATURE			I AGREE TO RECEIVE HOTEL INFORMATION. 我同意收到飯店訊息 □不同意 DISAGREE				

貴重物品務請存放櫃檯保險箱，否則本飯店概不負責，客房內保管箱純為方便旅客之用。
SAFETY DEPOSIT BOXES ARE AVAILABLE AT FRONT OFFICE. IN ROOM SAFTY BOX IS FOR THE CONVIENCE OF HOTEL ROOM GUESTS ONLY.
THE HOTEL TAKES NO RESPONSIBILITY FOR VALUABLES LEFT IN GUEST ROOM.

客房沙龍

手機訂房 APP

　　新假期旅遊週刊，日前公布了手機多款旅館訂房 APP，並提到很多人比較了各預訂旅館或酒店網站，以為能訂得最低價格房間，其實錯了，即使同一個訂房網，用不同瀏覽器、帳號、裝置來搜尋，也有機會得出不同價格。

手機訂房app

　　週刊中提到，用電腦網頁版訂房的確方便得多，可在大屏幕上瀏覽，同時開多個視窗比較各訂房網，且能即時列印訂單，感覺較穩妥。但建議用電腦搜尋過後，最好用手機 App 查詢一下房價，因有機會手機 App 所顯示的價格更低。

　　以 Agoda 為例，同一時間搜尋同一間房間和同一日子，網頁版比手機 App 貴台幣三百多元。而 Expedia 軟體同樣出現手機 App 比網頁版便宜的情況。不少預訂酒店網均標明啓用了 Cookie，即是會儲存用家瀏覽的瀏覽紀錄，方便網站根據用家的喜好，篩選資訊和廣告，也有機會因此而調整價格。

　　同一部電腦上，用不同瀏覽器查房價也會出現差異。以 Agoda 為例，用 Firefox、Safari 和 Chrome 搜尋同一日子的同一房種，所得出的房價最大差異為台幣六百多元，以 Chrome 所顯示的價格最高。

客房小達人

1. 接到旅行社年度訂房，先查詢電腦House Count，看預訂日期是否＿＿＿＿＿＿＿。

2. 客滿日子，要求＿＿＿＿＿＿＿以精準控制房間數。

3. 一般指旅行社代客人訂房，而客人自付帳，在不打折的情況下，客人退房後，旅行社

　　可以得到＿＿＿＿＿＿＿之佣金。

4. 接到訂房電話應詢問旅客＿＿＿＿＿＿＿、＿＿＿＿＿＿＿、＿＿＿＿＿＿＿、

　　＿＿＿＿＿＿＿、＿＿＿＿＿＿＿等資料。

5. ＿＿＿＿＿＿＿因房間數較多，一接受訂房，應立刻輸入電腦。

6-3 訂房常見狀態處理

一、客物遺失處理

客物遺失的處理，亦為客房服務中重要的一環，理由如下：

1. 顧客前來消費又遺失財物，將會破壞原先美好的住房氣氛。
2. 若無法找回失物，將使飯店蒙上不白之冤，影響聲譽。

旅客物品遺失時，其處理步驟為：

1. 正確迅速找回失物並交還失主，將贏得客人的好感及信賴。
2. 拾獲之財物立即送交所屬單位主管。
3. 填寫拾物登記表，並清楚填寫以下資料：
   (1) 日期
   (2) 時間
   (3) 地點（房號）
   (4) 顧客姓名
   (5) 物品名稱
   (6) 數量
   (7) 拾得者
4. 主管將遺失物及拾物登記表交至房管部辦公室登記保管。
5. 依民法第 803 至 807 條每二個月將遺失物名單交警察局公告備查。
6. 為客人保留一年，若仍無人前來認領，則依法發予拾得人。

二、旅客抱怨處理

旅客抱怨是提供旅館改善的方針，因此服務人員應留意旅客的抱怨，並協助處理。

1. 抱怨是必然會發生的。
2. 經常保持著「顧客永遠是對的」之心態。

3. 顧客的抱怨，視爲一種情報來發現問題，故應感謝提出抱怨的顧客。

4. 抱怨者最須要「吐怨氣」，應給對方傾吐的機會。

5. 顧客抱怨務必反應給上級主管，不可因責罰而掩飾之。

6. 決不推托找藉口，以避免抱怨事件惡化。

7. 處理抱怨的過程中，要注意特別尊重顧客的自尊。

三、旅客抱怨處理原則

旅客抱怨處理除了需要良好的應變外，還有一些處理原則，可提供服務人員作爲參考依據，增加處理效率。

1. 冷靜：先保持冷靜，決不可輕易動怒，使顧客更加生氣。

2. 傾聽：勿與客人爭辯，且不推托責任，須以鎮靜眞誠的態度，作爲忠實的聽講者。

3. 記錄：將事件之重點作成記錄，以利對上級報告。

4. 報告：將事件發生之經過及處理情況，向上級報告。

5. 解決：提出一套解決之道，並向顧客以口頭或書信道歉，亦或是禮物等補償。

6. 追蹤：事情過後，應追蹤抱怨處理的結果，探查顧客的反應是否滿意。

7. 檢討：單位內應針對抱怨事件之處理過程作逐一檢討，除有助將來類似事件之處理外，更重要是要能避免錯誤再度發生（圖6-11）。

冷靜　傾聽　記錄　報告　解決　追蹤　檢討

圖6-11 旅客抱怨處理步驟

客房沙龍

在時事網路大數據分析平台「網路溫度計」，曾分析統計網友最愛的訂房網站排行榜，並於 2016/12/11 到 2017/06/08 期間統計出「百大口碑」訂房系統。最受網友歡迎的訂房網站是 Agoda，前五名分別為：Airbnb、Hotels.com、Booking.com、Trivago

其中 Agoda 是擁有多年歷史的老廠牌，至今依然是許多網友外出旅遊時最愛的訂房網站，除了一般的旅館與飯店之外，也有提供民宿的選擇，是種類相當多樣的訂房網站。

網路聲量排行			分析期間：2016/12/11~2017/06/08		
1	agoda	Agoda 8,234篇	正面89%	中立4%	負面7%
4	IHI	Hotels.com 2,451篇	正面88%	中立7%	負面5%
8	Booking	Booking.com 1,809篇	正面95%	中立2%	負面3%
16	trivago	Trivago 476篇	正面80%	中立12%	負面8%
17		Airbnb 407篇	正面52%	中立13%	負面35%

百大口碑

客房小達人

1. ＿＿＿＿＿＿通常會影響旅客的住宿心情，因此協尋為客房服務中重要的一環。

2. 依民法第803至807條，旅館應於＿＿＿＿＿＿將遺失物名單交警察局公告備查。

3. 應將旅客之抱怨視為一種＿＿＿＿＿＿來發現問題，它可協助旅館發現問題。

4. 抱怨的處理原則有：冷靜傾聽、＿＿＿＿、報告、＿＿＿＿、追蹤、＿＿＿＿。

5. ＿＿＿＿＿＿有助將來類似事件處理，也能避免錯誤再度發生。

1. 客房部之訂房組，是顧客接觸旅館的第一線，決定旅客對旅館的印象優劣。

2. 得體的電話應對、純熟的訂房作業技巧、及親切迅速之服務，是每一位訂房組人員應具備之基本條件。

3. 臺灣提供旅客訂房的方式一般包括電話、傳眞、信函、網路等，其中因網際網路的普及，使用網路訂房最爲常見，電話訂房爲次之。

4. 訂房員除了做好訂房動作，還需立即取得旅客的基本資訊，如旅客姓名、聯絡方式、入住日期、住宿人數，並須向旅客詳細說明合適的房型、房間數，並提供房價說明。

5. 訂房員要非常了解各種房型的空間、格局、設備、 房價、目前優惠狀態以及旅館的各項促銷方案等，才能跟旅客清楚的介紹，並給予訂房的建議，訂房人員在接受顧客的訂房時，要首先查詢空房狀況，確認旅館仍然有空房。

6. 在上班中不可搭乘客用電梯，聽到電梯響，旅客出入時，應起身問好，且不可穿著制服在公司內各營業餐廳進餐。

7. 團體訂房因房間數較多，一接受訂房，應立刻輸入電腦，以防止Overbooking之發生。

8. 旅行社代客人訂房，而客人自付帳，一般在不打折的情況下，客人退房後，旅行社可以得到一成之佣金。

9. 顧客前來消費又遺失財物，將會破壞原先美好的住房氣氛，因此應盡力協助尋找並處理。

10. 旅客的抱怨處理原則爲：冷靜、傾聽、記錄、報告、解決、追蹤、檢討。

第七章
服務組工作

一般旅館的服務組包含行李服務員、駕駛員、司門員，本章將機場接待人員也列於其中，其工作也是與旅客接觸頻繁，並且所遇到的事情林林總總，其應具備端莊的儀態、得體的應對、親切迅速的服務外，優良的體能也是很重要的。因此本章將提供具體之實際操作步驟，做為服務組工作之指南。

學習目標

1. 了解客務服務組的各職責。
2. 了解服務組各組工作內容。
3. 知道行李服務員的工作要項。
4. 知道駕駛及機場接待人員的工作要領。

服務組包括行李服務員、駕駛員、司門員、機場接待人員（圖 7-1），也是顧客接觸旅館的第一線人員，因此端莊的儀態、得體的應對、親切迅速的服務、優良的體能、敏銳的觀察力，是服務組人員應具備的基本條件；而工作能力則須具備基礎英日語會話。

圖7-1　服務組組織架構

客房部之服務組成員，帶給客人對旅館的印象優劣，服務組佔有舉足輕重的地位，其重要性可想而知，因此端莊之儀態、得體的應對及親切迅速之服務，就成為每一位服務組人員應具備之基本條件，因此旅館應訂定服務組之工作訓練手冊，使其管理容易，確保服務品質之一致性及顧客的滿意度。方便督導、評估時有固定依據，不失公平和公正性，也可節省訓練時間。

能站在第一線服務旅客是每位服務組人員的榮譽，掌握每一次提供的細緻服務及最佳態度，為旅館爭取最高業績，正是員工共同努力的目標（圖 7-2）。

圖7-2　旅客遷入遷出流程圖

7-1　行李服務員

　　行李服務員的隸屬單位為客房部服務組，其直屬上司通常為服務組領班，常見於服務組櫃檯，其平行連絡單位為客房部接待組、房管組。行李服務員應具備基礎英日語會話、優良之體能、敏銳之觀察力及良好服務態度及熱忱（圖7-3、圖7-4）。

圖7-3　圓形行李牌

圖7-4　方形行李牌

一、行李服務員的工作任務

　　行李服務員除了引導旅客辦理住宿外，也負責協助旅客至房間，並幫忙管理行李，行李人員的工作任務如下（圖7-5）：

1. 引導旅客至櫃檯辦理 Check in，搬運行李及引導旅客至房間，並介紹內部設備。
2. 引導旅客至櫃檯辦理 Check in，搬運行李及恭送旅客離店。
3. 維持大廳清潔與秩序，並注意是否有竊賊活動。
4. 保管旅客行李維護並整理行李儲藏室。
5. 代購服務、代訂機位及代辦出入境手續。
6. 負責早、晚報之核對及遞送。

圖7-5　行李服務員

二、行李服務員工作細則

行李服務員的工作關係到旅客入住觀感，因此從旅客抵達至入住房間的細節，都是行李員應熟記的，其工作細則如下（表 7-1、表 7-2）：

表7-1　CHECK IN 工作細則

CHECK IN		
散客遷入 FIT CHECK IN	1. 當旅客到達時應馬上趨前，有禮貌的問安，並道「歡迎光臨」。 2. 從車上取下行李，請客人檢視行李件數是否正確。 3. 請客人進入大廳，引導至櫃檯辦理登記手續。 4. 把行李放在規定位置（約在櫃檯前二公尺處），繫上 F.I.T. 行李牌，且站在行李旁等候櫃檯招呼（圖 7-6）。	 圖7-6　團體到達時應將行李集中至規定位置上，並留意不壓壞行李。
	5. 當客人 CHECK IN 手續完成後，從櫃檯接待手上接過房間鑰匙，於行李牌上寫房號。 6. 引導客人至電梯，並請客人先進電梯。 7. 到樓層出電梯時，須走前面，並禮貌地告訴客人房間之方向。 8. 到達房間開門前，務必先敲間再打開房門，請客人先入房。 9. 把行李放在架子上，若是夜間則先行開燈。 10. 介紹房內設備及使用方法。 11. 請問客人是否有其他須要幫忙之處，若有則用筆記下，以示慎重。 12. 最後有禮貌的祝福客人有個愉快的住宿，輕輕帶上房門退出房間。 13. 回到崗位在遷入登記簿上登記妥善 , 並立即處理客人交待之事。		

續下頁

團體遷入 GROUP CHECK IN	1.團體到達時，將行李全數集中到規定的位置上。（圖 7-7） 2.清點件數，掛上 GROUP 行李牌。 3.向導遊拿已配妥房號之旅客名單，核對房號，並將房號填寫在行李牌上。（圖 7-8） 4.按樓將行李分開分送至房間。 5.記錄每個房間之行李件數，分妥行李後將行李收送單交由領班集中保管備查。  圖7-7　當旅客行李找到，旅館代客領取行李時，應留意攜帶相關證件。	轉交登記（房客 外客） 接收服務員　　　　年　月　日 　　　　　　　　　時間：　時　分 From Mr.　　　　　ROOM Receiver's Name : Address : Telephone : 件數　內容　牌號 交付服務員姓名　　年　月　日 　　　　　　　　時間：　時　分 Receiver's Signature 圖7-8　轉交登記表

表7-2　CHECK OUT 工作細則

CHECK OUT	
散客遷出 FIT CHECK OUT	1.接到客人下行李之通知時，先問清房號及行李件數，以判斷是否要推行李車上樓。 2.到達客房時，應表明身份及來意，並當客人面清點行李件數。 3.把行李放在領班檯前，若行李上之房號不符時予以更正，若無房號應即填上。 4.確認客房之帳是否付清並註明之。 5.行李攜出前，應確認旅客之 SAFTY BOX 已無存物。 6.送客至門外時要請教客人是否須要叫車，以便喚車提供迅速之服務。 7.將行李放妥在車上時，應請客人再次確認行李。 8.親切和客人道別希望下次再來，並祝旅途愉快。 9.於遷出記錄簿之 CHECK OUT 欄寫下所乘車輛之完整記錄，以備萬一客人有遺留物件在車上而到公司要求幫忙尋找時，可以提供正確資料。

續下頁

團體遷出 GROUP CHECK OUT	1. 依導遊指示下行李的時間（不得延誤），根據該團之住宿記錄到各樓客房收集行李。 2. 記錄件數於收送單上不同團體或不明房號之行李不可同時收取，以防錯誤；客人尚未整理妥當之行李不可收取，但要記下房號，以防遺忘。 3. 收下之行李依指示牌擺放整齊。 4. 同一旅行社有多個團體時，應在指示牌註明樓別及團號，以免混亂。 5. 全部行李收集妥善後，在上車前須點交給導遊。 6. 查詢公私帳是否付清。 7. 帳未結清前勿將行李送走。 8. 暫時存放之行李，須整齊排列，用繩子綁住，以策安全。

三、換房作業

遇到旅客因故換房時，應協助旅客將整理好的行李搬至新客房，並應留意以下事項：

1. 接到櫃檯換房通知時，持新房號的 KEY CARD 到原住客房間，表明換房服務。
2. 客人在場之處理：
   (1) 將所有整理好的行李物品搬至新房號即可。
   (2) 若行李尚未整理，則在門外稍候，或請客人整理好後再通知服務組。
3. 客人不在場：
   (1) 若行李已整理好，將之搬移至新房間即可。若行李尚未整理：則詢問櫃檯是否客人同意代搬，肯定則代為遷移。應注意客人各個物件的放置位置，在新房間應依原房間之擺設排放所有物件，離開原房間時應仔細檢查房內之廚櫃角落及浴室門後之掛衣鉤，以免遺落物品。
   (2) 換房完成後須在記錄簿上填寫行李件數及時間。

四、行李寄存

若遇旅客行李寄放，應先了解行李內容物，以免危害旅館其它旅客之生命安全，並應留意以下事項：

1. 寄存
   (1) 客人要求寄存行李時，須先請問所寄行李之內容物。

   ①若有貴重物品，請其取出自行保管或寄放在保管箱內。

   ②注意行李是否有易燃或爆炸物品，若有危險性，基於安全理由可拒絕寄放。

   (2) 開立行李寄存收據，註明日期、件數，並於 CHECK OUT 欄內註記。

   (3) 將下聯交予客人保管，上聯繫在行李上。

   (4) 若行李件數在二件以上須以繩索綁妥，並在記錄簿上詳細記錄後送入庫房。

   (5) 若客人的帳尚未付清，則須用紅色紙條貼於行李收據上，以防遺忘。

2. 提領
   (1) 寄存行李之領取，以行李收據為憑，核對上下聯收據號碼無誤後，始可提領（不限本人）。

   (2) 房客取出行李收據，依照收據號碼（切勿依房號）將行李取出。

   (3) 若客人即時離店，應在 CHECK OUT 欄註明離店時間與車號。

   (4) 遇上行李貼紅條者，則告知櫃檯某天 CHECK OUT 帳未付清的房號已 2nd-CALL 至新房號，隨即把二聯收據釘在一起，蓋章作廢。

3. 客人遺失收據之處理辦法
   (1) 請客人提出身份證明並作記錄。

   (2) 請問客人記存日期、原房號、行李件數及行李之大略內容。

   (3) 請客人簽字於存根聯，並留下護照號碼與地址。

4. 遞送服務（外客與房客）：有外客欲將物品或文件轉交給房客時，處理程序如下：
   (1) 先到櫃檯查詢核對客人房號與姓名。

   (2) 注意是否有安全堪慮之物件，必要時請警衛檢查後再送。

   (3) 於物品遞送記錄簿上詳細記錄，並請房務員簽收轉交。

5. 留交物品作業（房客、外客）：有房客欲留下物品給外客時，處理程序如下：
   (1) 開具轉交登記表，註明收件人姓名、地址、電話、以及留交人之姓名、房號、及留交物之說明。

   (2) 收件人來取物品時，請其示出身份證件，並在存根聯上簽認領取。

(3) 於記錄簿上註明取物之日期，時間等銷號工作。

6. 代客至機場提取行李：航空公司因疏忽將客人之行李遺失又找到時，會將該行李送至旅客所在城市之機場，並通知旅客領回，客人常因時間或其他因素無法親往領取，故旅館提供代客領取行李的服務；前往代領時，應備齊下列證明文件，缺一不可：

(1) 航空公司開具之行李遺失證明

(2) 旅客護照

(3) 旅客機票

(4) 行李領取委託書

(5) 代領者之身份證

7. 代購服務：旅館亦接受代購服務，舉凡票類如機票、車票、船票、水果、花籃…等，均可代辦，惟須向客人說明要酌收服務費。

8. 其他服務：為房客安排接送機及車輛、行李托運、快遞、郵寄包裹…等，此處不贅述。

五、行李服務員工作內容及注意事項

行李服務員的工作內容大致是協助旅客辦理遷入遷出、換房、行李寄存、遞送服務、留交物品作業、代客至機場提取行李、代購服務，以及其他服務等，其注意事項詳見以下敘述：

1. 引導旅客至櫃檯辦理遷入，搬運行李及引導旅客至房間，並介紹內部設備。

2. 引導旅客至櫃檯辦理遷出，搬運行李及恭送旅客離店。

3. 維持大廳清潔與秩序，並注意是否有竊賊活動。

4. 保管旅客行李維護，並整理行李儲藏室。

5. 代購服務、代訂機位及代辦出入境手續。

6. 負責早、晚報的核對及遞送。

六、行李員的禮節

行李員是陪伴旅客入住房間的重要人員之一，故應留意以下禮節：

1. 切記禮節是旅館對顧客服務的最基本條件。

2. 永遠顯露「笑口常開」、「熱情可親」的主動積極之服務精神。

3. 進房間前先敲門，離房時輕輕帶上房門。

4. 任何情況下說話均須儀態和善、面帶笑容、聲音清晰、態度優雅、保持大方。

5. 對客人說話時保持適當的距離，不可比手劃腳，對客人須加上適當的尊稱。

6. 客人經過時應適當行禮並問安。

7. 引導客人時須以適當的手勢，並讓客人走在前面。

七、行李員的儀表

　　除了禮貌之外，行李員若能有適宜的儀態及外表，將帶給旅客良好印象，提高再次入住率。

1. 經常保持儀容整潔，顯得容光煥發。

2. 制服代表旅館外貌的一部分，應保持整潔、穿著合宜。

3. 絕對避免在公共場所剔牙、吃東西、抽煙。

4. 絕對禁止著制服在營業場所與客人聊天。

5. 切忌將手插在口袋裡。

八、行李員的資訊應對

　　行李員經常直接面對旅客，因此若能熟悉旅管內部資訊與狀態，可即時的提供旅客正確資訊。

1. 了解旅館各單位之所在。

2. 熟悉各樓房號之編排位置。

3. 了解旅館內各營業部門之營業時間及性質。

4. 對客人之詢問不清楚時，務必請教他人、領班、或主管，不可敷衍了事造成誤會。

九、行李處理

　　行李的處理不但包括旅客的滿意度，也關係旅館及其他旅客的安危，因此以下事項是行李處理應牢記的要項：

1. 無論旅客是 CHECK IN 或 CHECK OUT，行李均須做詳細交待記錄。
2. 禁止私人代為保管旅客之貴重物品或文件。
3. 帳未結清，一律依規定貼上紅條，切勿擅自送走行李。
4. 客人攜帶小動物、妨礙觀瞻或有安全顧慮之物品，應予制止或報告主管處理。
5. 不得干擾櫃檯作業，只可駐守行李近側處，等候招呼。
6. 旅客 CHECK IN 時務必掛上行李牌（FIT 圓形、GROUP 長方形），不得混淆造成錯誤。

十、安全管理

　　行李人員應時時留意旅館的狀態，以確保旅客安全及保障，同時保持旅館內外的良好狀態，以避免危險因子趁機活動。

1. 了解安全門、消防栓、消防器材等之所在及使用方法。
2. 了解各項工具使用方法及財產器材之維護，器具應整齊放置。
3. 防止宵小及流鶯到處穿梭，或利用電梯往各樓房敲門從事色情交易，驚擾房客安寧。
4. 絕對禁止私自取用房間鑰匙開門進入客房，以避免是非。
5. 護送旅客上下電梯，並注意旅客擁擠時，電梯口不肖份子趁機活動，遇到特殊狀況得臨時控制電梯。

十一、其他

1. 不可積壓顧客之電報、傳眞、信件、及其他文件的收發，應隨到隨送，以免擔誤。遞送物品時應就收件人之房號、件數、物品內容、送達時間作完整之記錄，並請樓層服務員簽收。
2. 行李員應遵守旅館一切規章、服從主管命令、不可藉口逃避指派的工作。
3. 行李員不可要求賞金或小費。在拾獲旅客遺失物品，務必歸還原主或交經理部門招領。且不可浪費或偷取旅館之財物。

住房小禮品

國際線的行李規定

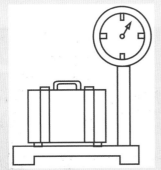

重量 10 kg（22 磅）以內，包含身上隨身物品的總重量。

3 邊（長、寬、高）總和在 115 cm（45 英吋）以內，且 3 邊各邊長度在 55 cm×40 cm×25 cm（22×16×10 英吋）以內，含手把與輪子。

隨身物品（手提包、相機、雨傘等）外，可攜帶 1 件隨身行李。

客房小達人

1. 服務組包含＿＿＿＿＿＿＿、＿＿＿＿＿＿＿、＿＿＿＿＿＿＿、＿＿＿＿＿＿＿。

2. 服務組人員應掌握每一次提供＿＿＿＿＿＿＿的細緻服務及最佳態度。

3. 行李服務員負責引導旅客至櫃檯辦理Check in，＿＿＿＿＿＿＿及＿＿＿＿＿＿＿至房間。

4. 行李員應注自行李是否有＿＿＿＿＿＿＿或＿＿＿＿＿＿＿，若有危險性，基於安全理由可拒絕寄放。

5. 無論旅客是CHECK IN或CHECK OUT，＿＿＿＿＿＿＿均須做詳細交待記錄。

7-2 駕駛員

一、駕駛員職務

駕駛員隸屬客房部服務組，歸服務組領班所管，工作場所為旅館與機場。平時與旅館內各部門。應具備之基本工作技能有優良的駕駛技術及駕車品德，應有基礎英日語會話、優良之體能及良好服務態度與熱忱，遇及臨時狀況之處理及應對能力（圖 7-9、圖 7-10）。

圖7-9　送、接客時的禮貌，會間接影響到旅客對旅館的觀感。

圖7-10　無論是一般或貴賓送機，都須事先取得客人的機票、護照、行李件數等資料。

二、駕駛員的工作任務

駕駛員除了負責旅客在旅館與機場間的接送，也應時常留意車子的狀態，並有良好的應對能力。

1. 負責旅館與機場間之旅客運送。
2. 負責車輛之保管及養護工作。
3. 幫助老弱孺或行動不便的旅客上、下車。
4. 幫助旅客上、下行李。

三、駕駛員的工作細則

汽車應保持良好的狀態，以確保行車及旅客的安全及舒適感，因此駕駛員行車前應留意汽車檢查，其行車檢查及清潔工作如下：

（一）行車前檢查

1. 行車前必作安全檢查，包括：輪胎、燈光、雨刷、油錶、煞車器、方向盤、機油、水箱。
2. 清潔工作：每日開車前，應對車身內外作一番清潔整理。

（二）接客至旅館

至機場接待客人時，關係到旅客的第一印象，而送旅客入住旅館的過程，也是旅客對旅館印象之關鍵，因此需留意以下細節（圖 7-11）：

1. 接到通知開車接客之廣播。
2. 將車開至航警局規定之停車範圍。
3. 下車禮貌地向客人打招呼，並道歡迎之話語。
4. 打開行李箱幫客人上行李，並請客人清點一遍，以防遺漏。
5. 待客人上車坐妥後，再行上車發動車子。

住房小禮品

行車前務必要注意

車勢網在網路上提供讀者行車檢查事項，開車出門前就要做好「五油四壓三水」檢查的內容。

五油檢查

1. 機油　2. 變速箱油　3. 動力方向機油
4. 煞車油　5. 汽油

四壓檢查

1. 油壓　2. 電壓　3. 胎壓
4. 煞車氣壓也就是真空輔助煞車

三水檢查

1. 水箱水　2. 電瓶水　3. 雨刷水

圖7-11　接機時應留給旅客良好的第一印象

6. 抵達旅館應向客人說「我們到了」，並叮嚀客人下車。

7. 下車開門祝客人「旅遊或假期愉快」，並說「希望行程結束返回機場時，能有機會再為您服務」。

8. 將車停放於規定地點檢視一遍，並收拾乾淨。

（三）送客

　　旅客入住至離開旅館的過程，每一細節都關係著旅客的滿意度及是否再次入住，當旅客在旅館享用到完美服務之後，在離開前，仍要保持良好的應對，因此送客人離開旅館也應留意以下事項（圖 7-12）：

1. 於預定時間前十分鐘，將車停靠於門口適當位置，並下車等候客人。

2. 客人到時，有禮貌地以適當的話語打招呼。

3. 待服務員上妥行李，客人上車坐穩後，再上車發動車子。

4. 行駛前，告知客人到機場所須時間約多久。

1. 抵達機場停車後，立即下車幫助客人下行李，並放於推車上。

2. 請客人確認件數，並詢問是否有遺忘物品。

3. 禮貌地與客人道別，祝一路順風並請下次再度光臨。

4. 旅客離開後，立刻再巡查一遍車上是否有遺失物。

圖7-12　旅客離開旅館前，仍要保持良好應對

5. 將車開進停車場。

6. 收拾車內清潔，備妥隨時迎客之準備後，鎖好車門車窗。

7. 向機場接待報到。

（四）行車操守

駕駛員行車時應留意以下狀態，避免造成旅客的不良印象：

1. 行車前的安全檢查絕不可省，以防半路拋錨或意外。
2. 如車況不良，應立即停駛檢修，不可強行駕駛，以策安全。
3. 行車中途如拋錨無法即時搶修時，應速電公司派車支援或招呼其他車輛幫忙將旅客先送往目的地，以免耽誤時間。
4. 行車間保持距離，不開快車，不任意變換車道，確實遵守交通規則。
5. 執行勤務前，應有充足的睡眠，保持充沛體力與精神。
6. 嚴禁喝酒和聚賭。
7. 嚴禁色情媒介，或做出違反公司規章的舉止。
8. 搭載旅客不可繞道行駛或加油，以防延誤時間。
9. 依勤務表出車，不得任意私自選車，不按指定車輛駕駛。

客房小達人

1. 駕駛出發前應進行＿＿＿＿＿＿＿＿。

2. 於預定時間前＿＿＿＿＿＿＿＿，將車停靠於門口適當位置。

3. 執行勤務前，應有＿＿＿＿＿＿＿＿，保持充沛體力與精神。

4. 行車間應＿＿＿＿＿＿＿＿，不開快車，不任意變換車道。

5. 行車前檢查包括：＿＿＿＿＿＿、＿＿＿＿＿＿、＿＿＿＿＿＿、＿＿＿＿＿＿、＿＿＿＿＿＿、＿＿＿＿＿＿、

＿＿＿＿＿＿、＿＿＿＿＿＿。

7-3 司門

　　服務組的司門負責指揮正門及兩側門的交通秩序，引導車輛並協助旅客上下車及行李的搬運，並向不諳外語的司機或計程車駕駛解說外籍旅客欲到達的地點，執行門禁，維護安全與觀瞻，並解決乘客與計程車司機的糾紛（圖7-13）。

　　如遇重大事件而解決不了時，須立即報請領班、主任，或警衛部門協助處理；其工作須具備基礎英日語會話、優良的體能、敏銳的觀察力，以及良好的服務態度及熱忱。其主要工作任務為：

1. 負責指揮正門及兩側門之交通秩序。
2. 引導車輛並協助旅客上下車及行李之搬運。
3. 向不諳外語之司機或計程車駕駛解說外籍旅客欲達之地點。
4. 執行門禁，維護安全與觀瞻。
5. 解決乘客與計程車司機之糾紛，如遇重大事件或解決不了時，須立即報請領班、主任、或警衛部門協助處理。

圖7-13　司門-負責指揮正門及兩側門的交通秩序

一、迎賓（客人下車服務）

　　當載客車輛欲停靠放下旅客時，以明確的手勢引導其至定點停車，車停妥後身體微向前傾以右手開車門，左手作出請客人下車的手勢，向客人致歡迎之意，客人下車後檢視車內有無遺留物；若客人已投宿或僅來會客餐飲者，以左手指示客人正門入口，隨即請車開離門口或駛入停車場；假使客人為正欲投宿

住房小禮品

別當冒失鬼

開關車門安全五步驟

步驟1：看後照鏡
步驟2：轉身向後看
步驟3：確認安全無人車
步驟4：反手開車門至適當縫隙
步驟5：確認安全後儘速下車並關車門

者，協助客人搬下行李，請客人檢視行李後，將其轉交給行李員，並以左手指示客人正門入口，隨即請車開離門口或駛入停車場。

二、送客（客人上車服務）

當客人自旅館出來，應趨前請問客人用車狀況，私家車透過廣播叫喚，計程車則為客招喚外車。當車抵門口時輕開車門，有行李時先為客人上行李，並請客人檢視件數。請客人上車時，以手掌擋住車門入口頂端，以防客人頭部碰撞。當客人入車時，口中道謝或歡迎再次光臨等話語，關門前注意客人手腳及衣裙角是否仍在車外，輕關車門，右手打出請開車的手勢，並向客人行禮致意，目送其離去。不論是迎賓送客，皆應隨時注意協助老弱婦孺或行動不便者。

三、常客或貴賓的賓車服務

熟記貴賓及常客的職稱頭銜，以便進出大門時招呼客人用，掌握貴賓車輛進出時間，以便妥善服務並可確保交通順暢。上、下車服務注意事項同前 2 點。當車輛進出時，應代為清車道並妥善安排暫停車位。司門員有責任對於貴賓或常客的行蹤保密，此乃職業道德的表現。通常貴賓的迎送，均由大廳副理擔任，故司門員開關車門後，應立即退於一旁陪禮即可。

四、禮節態度

應面帶笑容，尤其在勸說車輛駛離時，態度更應力求溫和誠懇，以避免糾紛。如遇行動不便的旅客或老弱婦孺，須更妥善照顧其上下車輛及進出大門。天冷時，不可將手插入口袋內取暖，有礙觀瞻。

五、資訊應對

旅館服務人員應熟悉旅館內外及周遭狀態，以便隨時提供顧客充份的資訊內容，以利行程安排，其資訊應對內容如下：

1. 熟記各重要公共場所、市郊、各名勝古蹟、風景區的外語名稱、確實地點及開放時間。
2. 隨時備有旅館的名片卡，以供外籍旅客外出回程時使用。

3. 了解每日餐飲宴會情形，以作車輛停放的安排準備。

4. 熟記政府首長、外交使節、貴賓及常客的車型、車號，以利作業。

5. 除禮賓、警備車外，一律勸其進入地下室停車場，並隨時與停車場保持連繫，以了解其停車狀況。

六、安全管理

　　旅館服務人員除了移除旅館內外危險因子外，還應注意自身的行為，做好安全防範，其細節如下：

1. 責任區內不可讓閒雜人員逗留或談天。

2. 責任區外如有特殊情況發生（如車禍等），足以影響行車流暢或時間時，應立即向主管報告，以供外出旅客參考。

3. 不可與旅館前經常停放的私家車有任何勾結行為，或有色情媒介的舉動。

七、工作操守

　　服務組人員工作中應留意以下工作操守，以免影響顧客印象，並造成旅館服務的困擾。

1. 絕不可擅離工作崗位。

2. 嚴禁代客停車。

3. 嚴禁轎車停放在紅磚人行道上，以維護行人權益。

4. 嚴禁外車停放在旅館的公車停車專用位上。

5. 旅客上下車時，須注意其手腳安全，車未停妥勿開車門，旅客就坐後，才可以關門。

客房小達人

1. 服務組的_____負責指揮正門及兩側門的交通秩序。

2. 司門員應熟記貴賓及常客的_____。

3. 嚴禁轎車停放在_____上，以維護行人權益。

4. _____應引導車輛並協助旅客上下車及行李之搬運。

5. 司門應_____與觀瞻，並解決乘客與計程車司機的糾紛。

7-4 機場接待

機場接待員（機場代表），隸屬客房部接待組，有時也被歸於服務組，其直屬上司爲櫃檯主任，工作場所爲機場入境大廳旅館業代表櫃檯。工作任務有以下四項（圖 7-14）：

1. 接機前之準備工作。
2. 接機及送機之服務。
3. 車輛分派或租賃以應需要。
4. 特殊狀況之處理以爭取商機。

圖7-14　機場接待人員的接機情況

一、接待的準備工作

旅館至機場接待過程，有許多細節若能妥善處理，將能帶給顧客良好印象，注意事項如下所示：

1. 領取到達旅客名單報表 (ARRIVAL REPORT)
    (1) 至櫃檯取次日所有旅客名單及接載旅客名單（取不含房價之 COPY）。
    (2) 將 ARRIVAL REPORT 與櫃檯之訂房單詳細比對。
    (3) 比對無誤則將之帶到機場。

2. 掌握每日駕駛員及勤務分派

(1) 將勤務分派表（上記有每日接載之司機車號及接待班機）COPY 一份，或者記在 ARRIVAL REPORT 上。

(2) 將記錄帶至機場。

3. 準備租賃車之使用

(1) 租賃車可於公司車輛調度、檢修、或高速公路塞車等狀況時使用之。

(2) 平時與接待大廳之租車聯合櫃檯維持連繫，以便需要時可隨時提供車輛。

4. 完成簽單作業

(1) 根據 ARRIVAL REPORT 勤務分派表或租賃狀況填寫「機場接載預約旅（乘）客名單」。

(2) 填寫內容包括：抵達班機時間、接載人數、車型、牌照號碼、駕駛人姓名，所欲接載者之姓名、性別等。

(3) 填好資料後將之拿到簽單處（位於 ARRIVAL HALL 的停車場）請航警簽名（蓋章），即告完成。

二、接機服務

旅客下飛機來到陌生的地方，一下子可能失去方向感，若能即時的給予明確指示，讓旅客能馬上有賓至如歸的感覺，將能創造良好的第一印象。

1. 舉牌作業

(1) 於班機降落 20 至 30 分鐘，至旅館聯合接待櫃檯，書寫客人姓名、性別等資料於牌子上，以便接機。

(2) 無確定姓名者，亦於旅館聯合櫃檯持旅館標語等候客人。

2. 接機程序

(1) 確認客人姓名、班機號碼或所屬公司行號。

(2) 確認無誤後，到觀光局訂房中心廣播飯店車子 (HTL CAR) 到達大廳 (ARRIVAL HALL) 接載客人。

(3) 若遇有「未預約接機客人」，如有公司車在機場，則讓客人入座回旅館，如無車則帶客至租賃車櫃檯，或利用機場計程車，為其安排之。

(4) 若遇有「未訂房客人」，則先詢問客人住幾天及欲住房間型式，並告之房價，如客人有意願住，則通知櫃檯訂房，並為客人安排車輛回旅館。

3. 客人 NO SHOW

(1) 若客人於班機抵達一個小時後仍未出現，應與航空公司取得連絡。

(2) 親往機場出境櫃檯查看 CHECK IN LIST，確定是否為 NO SHOW。

(3) 晚班機更應隨時注意 CHECK IN LIST 動態，以免白等。

三、送機服務

服務組在整個過程中扮演良好的接待角色，若能在送機的最後關鍵，給予良好的印象，將提供旅客完美的行程結尾，因此送機也有許多需留意的細節，其服務要點如下：

1. 一般送機（由服務組負責安排）

(1) BUS 送機均按公司時間表送機。

(2) 賓車送機由客人指定時間再安排車輛送機。

2. VIP 送機

(1) 事先取得客人之機票、護照、行李件數等資料。

(2) 於客人抵達機場前代為辦理通關手續（包括機場稅、登機證、行李過磅）。

(3) 若無法取得上述資料，則應事先與相關人員取得連繫，以利客人通關登機。

四、特殊狀況

突發事件發生，如颱風或飛機故障等，造成之飛機無法起飛、轉降、或迫降等情形，亦是旅館極欲爭取之商機，故機場代表應隨時注意各方消息，並與航空公司櫃檯保持密切連繫，以掌握時效，常可為公司帶來額外之住房及收入，其處理步驟如下：

1. 得知特殊狀況、班機停飛、轉降、或迫降之消息。

2. 向航空公司詢問乘客人數。

3. 向旅館櫃檯人員詢問館內空房數及房租。

4. 立刻至航空公司櫃檯,提供完整資料,包括房間種類、數量、可容納人數、房租等,以爭取客戶。

5. 爭取到客戶後請櫃檯打點各項事宜。

6. 調配車輛接機。

◦◦€ 住房小禮品 ⋺◦◦

機場接待員的線上遊戲

　　莉莎和湯姆兩人是機場的接待員,經常奔波於世界各地的機場,接待旅客變成每天的例行公事。玩家將扮演接待員,除了幫旅客收行李外還將旅客送至登機口,並且滿足旅客各樣的需求,如果讓旅客等太久還會造成旅客不滿喔,要注意可別砸了機場接待員的形象喔!

　　遊戲操作:以滑鼠操作進行遊戲,根據旅客的需要進行行李保存和引導旅客登機。旅客要登機的時候,先點擊一下旅客,再點擊登機入口。

　　遊戲網址:https://goo.gl/sm3qM5

 客房小達人

1. 機場接待應於班機降落＿＿＿＿＿＿＿分鐘前,至旅館聯合接待櫃檯,書寫客人姓名、性別等資料於牌子上,以便接機。

2. 若客人於班機抵達＿＿＿＿＿＿小時後仍未出現,應與航空公司取得連絡。

3. 機場接待應事先取得客人之＿＿＿＿＿＿、＿＿＿＿＿＿、＿＿＿＿＿＿等資料。

4. 機場接待員(機場代表),隸屬＿＿＿＿＿＿,有時也被歸於服務組。

5. 接機應至機場櫃檯填寫:＿＿＿＿＿＿、＿＿＿＿＿＿、＿＿＿＿＿＿、
＿＿＿＿＿＿、＿＿＿＿＿＿。

溫故知新

1. 客務部服務組包含行李服務員、駕駛員、司門員、機場接待人員，其工作也與旅客接觸頻繁。

2. 能站在第一線服務旅客是每位服務組人員的榮譽，掌握每一次提供「以客為尊」的細緻服務及最佳態度。

3. 行李服務員的工作內容大致是協助旅客辦理遷入遷出、換房、行李寄存、遞送服務、留交物品作業、代客至機場提取行李、代購服務，以及其他服務等。

4. 服務組的司門負責指揮正門及兩側門的交通秩序，引導車輛並協助旅客上下車及行李的搬運。

5. 司門與司機在載客車輛欲停靠放下旅客時，以明確的手勢引導其至定點停車，車停妥後身體微向前傾以右手開車門，左手作出請客人下車的手勢，向客人致歡迎之意，客人下車後檢視車內有無遺留物。

6. 司門應熟記貴賓及常客的職稱頭銜，以便進出大門時招呼客人用。

7. 司門應熟記各重要公共場所、市郊、各名勝古蹟、風景區的外語名稱、確實地點及開放時間。

8. 接待前應至櫃檯取次日所有旅客名單及接載旅客名單。

9. 機場接待應於班機降落20~30分鐘，至旅館聯合接待櫃檯，書寫客人姓名、性別等資料於牌子上，以便接機。

10. 若客人於班機抵達一個小時後仍未出現，機場接待人員應與航空公司取得連絡。

new york

paris

tokyo

bangkok

❧ 房務篇 ❧

第八章
房務概論

房務部的勤務是繁雜忙碌的，房務人員的打掃維護，將最完美的一面呈現給每一位來店的旅客，讓客人有賓至如歸的感覺，因此迅速正確、熟練的工作服務，以及親切得體的應對態度，是每一位房務人員應具備之基本條件，本章概述房務部基本工作及流程。

學習目標

1. 知道房務部的各工作職務與內容。
2. 知道如何正確且熟練服務工作。
3. 學習以親切得體的態度進行服務。

8-1 房務部組織與工作

準確且正確的客房整理，可以幫助旅館有效延長設施的使用年限，除了降低營運成本外，也提供安全又美觀的環境，房務部的服務範圍，除了客房的整理、清潔及檢查外，還包括衣物收取、處理客留物、隨時補充各項備品等，並即時通報各狀況，配合定期演練，因此房務員有許多小細節需要提供貼心服務，以提供客人良好的住宿感受。

一、房務部的組織

一般旅館房務部的組織，可分為房務組、公清組（清潔組）及管衣組（圖 8-1）。

二、房務相關人員的工作職責

房務經理是引導整個團隊為旅館創造良好印象的關鍵，因此良好的人事管理，將影響整個旅館的運作，其房務經理的職責如下（圖8-2）：

圖8-1 房務部組織及負責工作

（一）房務經理

負責督導所屬客房樓層、公共區域之整潔美觀維護，服務顧客及所有布巾之管理、建立所屬各單位標準作業流程（SOP）、臨時狀況處理；每週需與部門開會一次。

1. 建立現場改善工作效能，教導各級幹部執行。

2. 編訂幹部教育訓練課程，分配工作及時間調配。

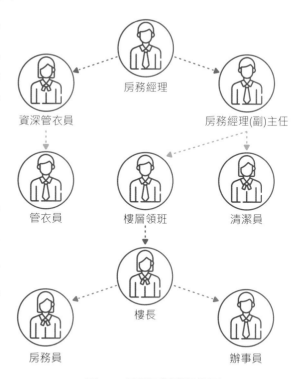

圖8-2 房務員組織架構圖

3. 編訂年度預算，備品及人力成本控制。

4. 建立完整之工作考核紀錄及培訓幹部之訓練。

5. 訂定客房裝飾、地毯、壁紙、家具之汰舊換新保養預算，確實執行。

（二）主任及副主任

　　房務工作的每一細節都關係到旅客的感受，因此不論是服務、清潔、物品提供與擺設，皆很重要，其主任與副主任應負責監督以下工作：

1. 督導客房的清潔與提升客房清潔品質。

2. 客房內飲料帳的處理與電腦入帳。

3. 每日與櫃檯核對 V.I.P 名單與特殊團體。

4. Room Status 的確認與控制。

5. 各類備品、布巾、飲料的庫存控制及不堪使用物品報廢處理。

6. 客房早、晚報表之製作。

7. 注意客房家俱及各式備品的維修。

8. 隨時注意客人的需求並提供協助。

9. 協助訓練新進員工及落實執行 SOP。

10. 負責督導各客房層，依規定整理及保養客房內外，夜間檢查各樓層之夜床服務是否確實正確。

11. 協助主管推行政策，接受主管交辦事項，且為主管休假時之代理人。

12. 處理辦公室一般行政事務。

13. 填寫交代簿（log book）

（三）組長及樓長

　　客房的清潔與管理關係著旅客入住的觀感，然後各樓層的公共區域也不可忽略，因此組長及樓長應負責做好監督工作，以協助房務人員完成工作。

1. 執行每日定時客房檢查報告及 VIP 房之各種安排事宜。

2. 執行每日各樓層安全梯及公共區域清潔。

3. 執行每月例行性客房內保養及不定期之保養。

4. 房間之設備、家具、電器等情況不良，即申請修理，並報告辦公室做紀錄。

5. 檢查清潔完成之房間，報告辦公室，並將樓層指示燈由 C/O. 改為 OK Room。

6. 檢查清潔各備品室及整房後備品車，並補足備品量。

7. 熟悉旅館所有服務項目、營業項目、價格，以備客人詢問。

8. 填寫交代簿（log book）。

（四）房務辦事員

　　平時與客房部、工務部、管理部、餐飲部、人資部保持聯繫，應具備之基本工作技能為基本中英日文對話，工作內容為接聽房客需求電話、櫃檯、樓層人員一切服務需求電話、與其他單位協調事務、執行辦公室行政文書作業流程、控管各樓層鑰匙之借出、登記檢查樓層回的鑰匙、從電腦中列印當日客房情況及客人名單，加註客人特殊需求給領班、處理迎賓水果、管控房間清潔進度及工程維修追蹤聯繫、客人遺留物管理、保管與查詢、控管各樓層冰箱飲料有效期限是否更新。

三、房務人員的工作內容

　　客房工作重點及注意事項，安排當日清潔員應打掃房間之分配及客人特殊需求、安排每日教育訓練課程、領取當日整房樓層鑰匙其它如公共區域打掃之檢查、查飲料帳、填房間檢查表、檢查房間的基本原則、配合主管作工作調配（圖8-3）。

　　房務部樓長須配合領班分配打掃房間給清潔員及清掃房間，執行並督促清潔員公共區域清潔工作，於清潔員打掃完房間後，檢查房間的清潔品質，若有不符標準處，即予修正；檢查樓層空房及客房報修，掌握所屬樓層的一切房務事宜，並做記錄及報告，等督導每月布巾及消耗品盤點。

圖8-3　房務辦事員

房務部辦事員需紀錄各樓層房況，處理迎賓水果及接待領班當日客人特殊需求，紀錄並填寫緊急或一般修護申請單，同時告知工務部，負責掌握所屬樓層的一切房務事宜，並做記錄及報告，與其他單位聯繫與溝通協調事務。

圖8-4　房務人員打掃有一定的順序。

房務部的房務員工作內容為打掃所分配的公共區域，注意維護工作，配合環境維護組做大廳及公共場所的清潔，執行當日客房特殊需求，落實各項資源回收及每月布巾和消耗品盤點。

整理房間的重點為做床、清潔整理衣櫃、整理電視櫃、清潔窗戶、清理書桌及床頭櫃、檢查冷氣及鬧鐘、檢查冷氣、清理牆壁、檢查 MINI BAR 等。其它如清潔地毯、布巾備品之準備、夜床服務等（圖 8-4、圖 8-5）。

圖8-5　打掃順序

四、房務的保養項目

除了日常清潔外，若能做好日常保養，將能減少物品的損壞及汙染，因此房務需持續保養以下項目，以提供顧客良好的住宿感受。

1. 翻床、窗簾吸塵、天花板蜘蛛絲與擴音器除塵、沙發清潔。
2. 床底吸塵、電源箱除塵、窗溝清潔、馬桶間與洗手台地面除垢。
3. 迴風網清洗、走道玻璃清洗、冰箱內外擦拭、馬桶水箱清洗。
4. 轉床、壁紙除塵、淋浴間牆壁除霉和地板除水垢、冷氣出風口擦拭。
5. 傢具後方除塵、緊急燈與燈罩除塵、地面排水孔清潔、垃圾桶清潔（含牆面）。

五、房務負責的工作範圍

客房是旅館的硬體設施，也是最重要的商品，而服務是無形商品，客房加上服務因此產生它的商品價值，尤其當旅客住進旅館後，直至結束住宿，服務過程的

圖8-6　房務工作範圍

重擔都落在房務部服務員身上，因此服務的水準與質量，對於旅館與旅客的意義重大。旅客住進旅館後，主要就是在客房裡，因此房務人員的設備與清潔維護工作如果做得徹底，能提供舒適、清爽、安靜的空間及親 、熱忱的服務，就是房務人員的工作重點（圖 8-6）。

公共區域

健身房

庭院

　　房務部人員對於飯店的經營，扮演很重要的角色，房務部的組織結構與人員配置，會隨著旅館規模大小而定，也會因著旅館其它附屬設施而增減人員，為提供旅客較舒適的住宿空間，有規模的旅館房務分工較細，其組織分工會依實際情況而調整。有效率的客房服務，必須要用合理的科學作法，進而提升預期效果，因此房務員應熟悉和掌握客房服務的具體工作內容，並活用各個標準作業程序，才能使工作圓滿。房務部是旅館所有房間的家具、設備、裝飾物品及建築物等維護的管理員，並且負責訊息的蒐集與報告，以提升住宿旅客愉快的住宿經驗，旅客在客房中所使用的商品價值，都是房務人員辛苦的成果，他帶給旅客住宿的舒適和方便度。因此房務人員是旅館的重要角色，房務員應滿足房客各方面需求，才能讓旅客源源不絕，進而帶動旅館的餐飲、娛樂、購物以及其他營業活動，使旅館得到更大的經濟效益及收益。

　　房務員工作是以高效率的態度，並且具 貌及專業知識的處理各項問題，面對各種挑戰，提供旅客滿意的服務，同時必須認識各式客房特色，無論是單人房、雙人房或套房等形式；而客房中舉凡臥室、客廳、化妝室等基本設施也都必需熟悉，才能進行適當準備與周密的處理，其準備的速度與品質，也決定了旅館的形象，因此房務人員應事先準備，且應謹慎工作，不得大意。（圖 8-7）

圖8-7　房務員工作就是以高效率的態度，並且具禮貌及專業知識的處理各項問題。

六、房務員的工作內容

　　房務員是需要體力的工作，且負荷量很大、工作內容繁複，因此大型的旅館或星級飯店，一般都會有輪班制度，所以房務員的工作時間穩定，一般飯店都是朝九晚五，房務員的工作項目如下（表 8-1）：

表8-1　房務員工作項目

1. 床的部分：換床單、被單、枕頭套等。	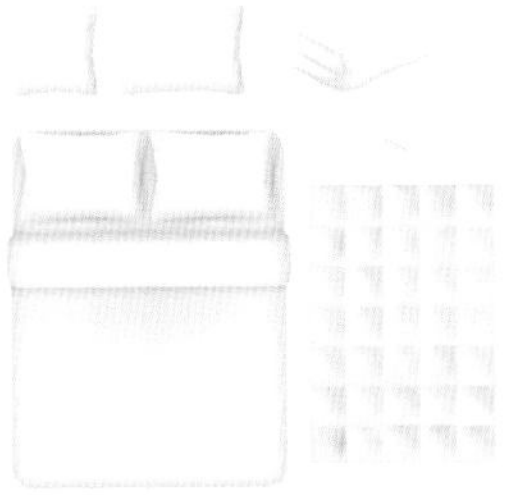
2. 浴室整潔：必須要乾燥 能有水氣、鏡子保持完好無水漬、同時刷洗浴缸、淋浴間和馬桶等。	
3. 地板清潔：使用吸塵器，讓地上保持清潔（包含床底下）。	
4. 垃圾處理：處理垃圾桶內的垃圾，並更換新的垃圾袋，保持房間的乾淨。	
5. 沐浴用品：需擺放包括洗髮精、沐浴乳、牙刷、浴帽、刮鬍刀和小毛巾等。	
6. 冰箱裡提供的物品：補足礦泉水或飲料，並依飯店規定擺放。	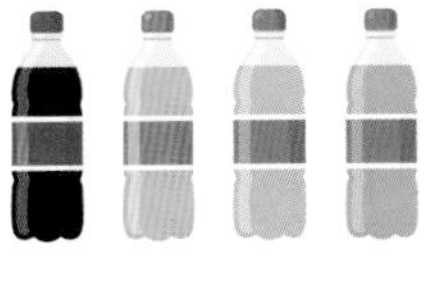
7. 房間用品：補上衛生紙、茶包、咖啡、卡片、信紙和信封等。	

續下頁

8. 故障報修：報告領班，並聯絡工務部。	
9. 房間設備：將所有物品歸位（例如電視遙控、卓椅、杯子等）。	
10. 拾獲遺留物：若有拾獲房客遺留下的物品要交予櫃台登記處裡。	
11. 補給用品：當日工作結束並在下班前要將備品車內的物品補足。	
12. 提領用品：請領清潔耗材和備品	

七、房務人員的工作細節

　　房務人員因為需搬動床墊或是房間內各項重物，所以需要好的體力。因為房務的工作是種重覆性很高的工作，雖偶爾會有輪調機會，協助公共清潔，但主要是負責房間的清潔，所以房管員要保持工作熱情不容易，若房管員能對工作抱有熱忱，則工作效率會更好。

　　另外，房管員需要注重細節，除了一般服務外，有時候會因客人的需求內容而有所 同。若遇及熟客，房管員能記得客人的姓名，體察客人的需要並尊重其特性，就能提供完善且貼心的服務。此外，因為房管員每天都要面對很多髒亂的事物產生，甚至一些奇怪內容的垃圾成分，因此不怕髒亂，且能克服心理障礙，才能當一個體貼入微的服務人員。房管員的臨機應變能力也是很重要的，旅客來自四面八方及不同環境，有些旅客會因旅途勞累或氣候，導致水土 服或引發意外狀況，若碰到這些意外狀態，第一時間應處理告知主管，且協助處理。

客房沙龍

旅館（飯店）總經理的第一份工作常是房務員

　　擔任古華飯店房務部基層房務員僅 1 年半，就升任小組長的黃琪雯指出，房務工作是飯店業最基層的工作，很多飯店總經理、副總經理等高階主管，進入飯店業的第一個工作就是房務。因此學生們趁著目前尚未畢業，先練好基本功，接著把握機會調到其他部門多多歷練。

　　她指出整理房務和其他的工作都一樣，就是熟能生巧，做愈多就愈熟練，而且應依照飯店規定的標準作業程序（SOP）進行，有些整理房務的阿姨會偏好自己的方法，當然只要能把房間打掃乾淨最重要，不過公司制定的標準作業程序一定有其道理，因此在傳承工作經驗時，一定要採用標準作業程序。她指出，打掃房間時，通常她一眼就可以看到問題在那裡，這些能力都是平日用心學習累積出來的。

客房小達人

1. 一般旅館的房務部的組織，可分為＿＿＿＿＿＿＿、＿＿＿＿＿＿＿、＿＿＿＿＿＿＿。

2. 請列出3項房務負責的工作範圍：＿＿＿＿＿＿＿、＿＿＿＿＿＿＿、＿＿＿＿＿＿＿。

3. 客房是旅館的硬體設施，也是最重要的商品，而服務是＿＿＿＿＿＿＿商品。

4. 房務人員因為需搬動床墊或是房間內各項重物，所以需要好的＿＿＿＿＿＿＿。

5. 房務員的打掃順序為：＿＿＿＿＿＿＿、＿＿＿＿＿＿＿、＿＿＿＿＿＿＿、

　　＿＿＿＿＿＿＿。

8-2 房務組設備及備品

一、房務部的器具

房務部門因工作內容,所使用的器具大部分屬於清潔用具及用品,像掃帚和畚箕、除塵刷、拖把、玻璃刷、清潔刷、抹布、報廢染色毛巾、菜瓜布、鏡布、海綿、水桶、水瓢、牙刷、橡皮手套、酒精等。選擇良好品質的清潔用品,不但可避免環境污染,維持健康環境,並且可以維持設施的外觀。為了安全起見,房管員在清潔劑上必須謹慎,並好好保管及儲藏,領用一定依程序進行。

二、客房備品

旅館備品(表 8-2)是服務加值的項目之一,房務員應時時留意是否缺乏並補齊,以免造成旅客困擾,因此相關部門另應該於每月盤點日前一天,提供盤點表格給房務員,並進行各樓層倉庫存量清點,統計倉庫和備品的總數量,並依住房率下單叫貨,補充備品(圖8-8、圖 8-9)。

圖8-8 旅館備品是服務加值的項目之一。

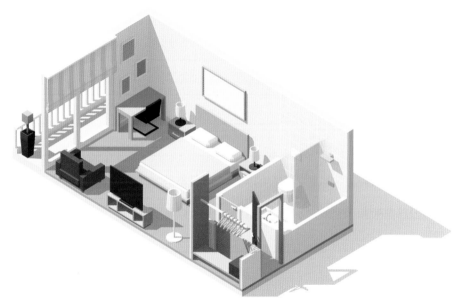

圖8-9 客房需隨時補充備品,以維持良好品質

表8-2　一般常見各項備品

起居室與客廳備品	衣櫥備品	化妝室與浴廁區備品	臥室區備品	衣櫃櫥物區	其它
歡迎卡	洗衣袋	清潔用品刮鬍刀、刮鬍膏	床墊布、保潔墊、清潔衛生墊、	衣架	日常用品：吹風機、燙衣板、熨斗、冰枕、暖墊、體溫計、鬧鐘。
歡迎信	洗衣單	牙刷、牙膏	墊被	衣刷	床板
迎賓蛋糕	購物袋	浴帽擦澡布	床裙	雨傘	嬰兒床
年曆卡	擦鞋袋	髮梳	床單	鞋籃	活動床
燙金姓名火柴盒	擦鞋布	指甲挫片	毛毯	備用枕頭	
文具組合	擦鞋盒	棉花棒	羽絨被	浴袍	
針線包	擦鞋卡	水杯墊紙	羽絨被套		
迷你吧檯帳單	鞋刷、鞋拔	水杯套	羽毛枕		
茶包	拖鞋	水杯套	枕套		
咖啡包	抽屜墊紙	小花瓶及花	夜床巾		
飲料	磅秤墊紙	礦泉水	窗簾		
杯墊	保險箱說明	馬桶坐墊紙	早餐卡		
雞尾酒調酒棒	請勿打擾卡	衛生袋	聖經、可蘭經、佛經		
防煙面罩	清掃客房卡	芳香劑			
		面紙			
		衛生紙			

三、客房的功能與設備

客房分為五大區域,其每個區域都有提供旅客的重要功能,因此客房的設計與設備,是旅館重要的要素之一。

(一)客房功能區分

客房依功能分為睡眠休息區、起居活動區、書寫整理區、盥洗區、儲物區等五大區域,適當的擺設將能提供顧客良好的住宿觀感,並給予適當的休息感受(圖 8-10)。

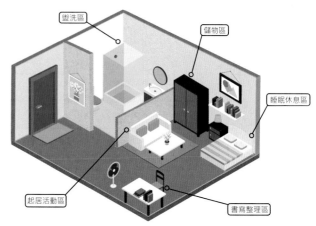

圖8-10 客房功能區分圖。

(二)床的種類及常見尺吋

因各國旅客體型及身體構造的不同,會有不同的住房需求,因此,在國際上的各旅館,常可見的床種類如下(表 8-3):

表8-3 床的種類及常見尺吋

中文名稱	英文名稱	寬度(公分)	長度(公分)
單人床	single bed	90 ～ 100	195 ～ 200
雙人床	double bed	120 ～ 135	195 ～ 200
大　床	queen-size bed	150 ～ 160	195 ～ 200
特大床	king-size bed	180 ～ 200	195 ～ 200
摺疊床	rollaway bed	—	—
嬰兒床	crib/baby cot	—	—

（三）打掃前注意

房務人員在打掃前，應先注意一些情況，以免不小心影響客人作息，造成旅客不便，因此打掃前應留意房間狀況及養成進房前敲門與通報的習慣（圖8-11）。

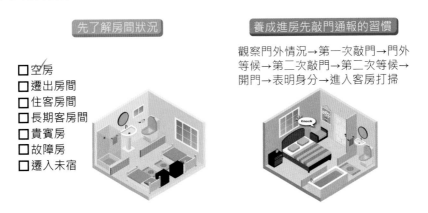

圖8-11　打掃前確認圖

（四）客房的清潔服務

清潔時需注意，眼睛可以看到的地方無污跡，手可以摸到的地方沒有灰塵，並保持房間優雅安靜及浴室空氣清新無異味，客房清潔要領如下（圖 8-12）：

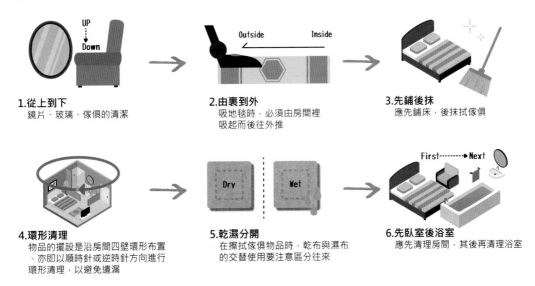

圖8-12　清潔要領

四、房務人員服務守則

房務人員應佩戴名牌並穿著制服，以方便旅客辨識，制服需隨時保持整齊、清潔、美觀，且隨時面帶微笑，保持端莊大方的態度。和旅客或同事交談時音量應以能讓對方聽清楚為限，不宜太大聲造成他人不適。而房務人員說話表達應簡明清楚，速度適中，太快或太慢都不恰當，如遇旅客時應主動問好，

圖8-13　房務人員應需佩戴名牌並穿著制服，以方便旅客辨識

但除非先客人伸手要求握手，否則不應先伸手與客人握手。工作中應以客人需求為優先，如遇特殊狀況，不得打擾旅客，平時需與同事相互支援、發揮團隊精神，以備發生狀況時可相互幫忙（圖 8-13）。

五、房務人員安全守則

房務員工作時不得佩戴飾物，需穿著平底膠鞋，並留意地面溼滑以防滑倒，除了顧及旅客的安全外，也要顧及自身安全。工作中對講機應保持開啟狀態，並調整至規定的頻道，以利隨時聯絡溝通。樓層走道需隨時保持暢通，且地上不可放置

堆積任何物品造成跌倒狀況，若有使用任何化學藥劑，需充分了解其功能，並做好安全防護措施。在客房工作的時候，應將工作車停在門口，並且記得踩煞車輪，以讓旅客知道房裡的狀況。推工作車時要放慢速度，且注意行人，以免撞到旅客或物品，面對丟棄菸蒂或倒菸灰缸時，最應注意菸蒂是否已完全熄滅，以免引起火災。打掃時若遇客人想進入房間，客人沒有鑰匙，應請旅客向櫃檯索取，不可自己幫客人開，若旅客拒絕，則應告知房務主管。打掃時，為了安全起見，要謹慎使用梯子，並保持通道暢通，隨時注意有沒有可疑人物（圖 8-14）。

圖8-14　房務人員應需佩戴名牌並穿著制服，以方便旅客辨識

客房沙龍

觀光飯店房務員是社會新鮮人求職熱門行業？！

　　觀光飯店房務部的工作雖然辛苦，但卻是從事飯店業的基本，即使是儲備幹部也一定要先在房務部實習過，這是有意在飯店業深耕，並希望晉升者一定要歷練過的單位。房務部的工作非常繁雜，除了一般人想到的整理房間外，包括餐廳、大廳、健身房、游泳池、噴水池等公共區域，也都是房務部管理的範疇；此外，當房客有洗衣、燙衣等額外需求，或不知道該如何上網及使用房間設備時，也可以求助房務部。新鮮人剛進入房務部的第一週通常都像是在接受新兵訓練，可以說是「魔鬼週」，但只要能熬得過去，接下來就沒問題了。想要在觀光飯店工作，語言能力也非常重要，如果願意加強自己的能力，待在房務部也是一個升遷的管道，而當房務員的好處，除了平時可拿小費之外，當飯店接待外國元首或影視紅星時，也有機會近距離接觸甚至索取簽名，這點讓追星族非常羨慕吧！

資料來源：節錄自曾慧雯，大紀元 12 月 11 日

客房小達人

1. 旅館＿＿＿＿＿＿＿＿＿＿＿＿是服務加值的項目之一。

2. ＿＿＿＿＿＿＿＿＿＿依功能分為睡眠休息區、儲物區、盥洗區、書寫整理區、起居活動區等。

3. ＿＿＿＿＿＿＿＿＿＿前應了解房間狀況及先敲門。

4. ＿＿＿＿＿＿＿＿＿＿工作時不得佩戴飾物，需穿著平底膠鞋。

5. 房務員應配戴＿＿＿＿＿＿＿＿＿＿並穿著制服，以便旅客辨識。

溫故知新

1. 迅速正確、熟練的工作服務，以及親切得體的應對態度，是每一位房務人員應具備之基本條件。

2. 房務部的服務範圍，除了客房的整理、清潔、檢查外，還包括衣物收取、處理客留物，隨時補充各項備品，並即時通報各狀況。

3. 客房是旅館的硬體設施，也是最重要的商品，而服務是無形商品，客房加上服務因此產生它的商品價值，尤其當旅客住進旅館後，直至結束住宿，服務過程的重擔都落在房務部服務員身上。

4. 房務部的組織結構與人員配置，會隨著旅館規模大小而定，也會因著旅館其它附屬設施而增減人員，為提供旅客較舒適的住宿空間，有規模的旅館房務分工較細，其組織分工會依實際情況而調整。

5. 房務員工作就是以高效率的態度，並且具 貌及專業知識的處理各項問題，面對各種挑戰，從而提供旅客滿意的服務。

6. 房務人員因為需搬動床墊或是房間內各項重物，所以需要好的體力。

7. 旅館備品是服務加值的項目之一，房務員應時時留意是否缺乏並補齊，以免造成旅客困擾。

8. 房務人員應需佩戴名牌並穿著制服，以方便旅客辨識，制服需隨時保持整齊、清潔、美觀，且隨時面帶微笑，保持端莊大方的態度。

9. 房務員工作時不得佩戴飾物，需穿著平底膠鞋，並留意地面溼滑以防滑倒，除了顧及旅客的安全外，也要顧及自身安全。

10. 推工作車時要放慢速度，且注意行人，以免撞到旅客或物品，面對丟棄菸蒂或倒菸灰缸時，最應注意菸蒂是否已完全熄滅，以免引起火災。

第九章
房務服務

房務部之房務組及公清組的勤務是繁雜忙碌的，房務人員的打掃維護，將最完美的一面呈現給每一位來店的旅客，讓客人有賓至如歸的感覺，因此，迅速正確、熟練的工作服務，以及親切得體的應對態度，是每一位房務人員應具備之基本條件，本章概述房務部基本工作及流程。

學習目標

1. 知道房務部的各工作職務與內容。
2. 知道如何正確且熟練服務工作。
3. 學習以親切得體的態度進行服務。

9-1 房務組

旅館的房務部，不僅有客房清潔及住房品質維持的功能，更是維護旅館對外形象的重要部門，一間經營成功的旅館，通常有一群房務員默默的努力付出，才能呈現整齊清潔且功能完善的客房環境，使顧客備感溫馨舒適提高滿意度。良好的品質與效率是房務工作的基本原則，也是房務管理長久以來所追求的目標。房管員如何在短暫的時間下，將打掃清潔的品質達到最佳的狀態，是一門學問（圖 9-1）。

圖9-1　打掃清潔的品質達到最佳的狀態，是一門專業。

客房的打掃工作很繁瑣，因此客房服務人員除了要保持良好體力外，還要有耐心，並且有一套完善的工作計畫與流程，才能維持效率與品質。良好的房務工作，不但可提高顧客滿意度，使設備保持在最佳狀態，延長使用年限，還能減少故障率，降低旅館經

圖9-2　旅館的客房門牌亮燈，（左圖）不同顏色代表不同的意思，其中包含請勿打擾、已入住、清潔中、空房等。

營成本。房務組的作業很多，常見的作業除了客房清理外，還有鋪床、開夜床，此外請勿打擾的處理也是工作內容之一（圖 9-2）。

一、房務組作業

房務組的工作非常繁瑣，也是旅館的重要職務之一，其房務工作除了客房及衛浴的打掃及清潔保持外，客房備品的補充及房內外的安全維護，都是房務組重要的工作，其主要職責如下：

1. 客房及衛浴的清潔打掃及保養工作。
2. 客房備品補給。
3. 維護樓層安全，留意有無可疑人物或是否有客人逃帳。

二、請勿打擾的處理

若旅客在客房門口掛上「請勿打擾」的招牌或有提示亮燈時，則表示旅客不願意被打擾，所以除非有特殊狀況，如火災等，不然千萬別擅自進行任何服務，也絕對不能去打擾房客，在交班時應特別留意。此時可將從房間門縫下塞入「住客服務卡」，讓客人了解若有需要，隨時準備為其服務（圖9-3）。

圖9-3　不被打擾指示燈

三、進入客房

進入客房前，應先確定此客服的住宿狀態，且先站立於房門前，輕敲房門三下或按門鈴一聲，同時以適當的音量告知房務管理中心 (housekeeping) 或「整理房間」，待五秒鐘後，若旅客沒有回應，可重覆一次，若還是無回應，可請樓管開門，並且在進入房間時，告知「housekeeping」或「整理房間」。

如果發現房門有上鍊子，應該要輕關門後離開。若順利進入房間，發現客人在，也要關上門離開。如果不小心吵醒客人，應道歉且離開，並告知旅客稍後再整理。若旅客不同意清潔，則不強迫。如果客服人員順利進入房間開始清理工作，應把推車放在門口，並踩煞車，且掛上房間整理中的牌子，同時保持房門開啓。

四、清理已退房之客房

進到客房內應先打開房內的窗簾和窗戶使其透氣，並仔細檢查房間，查看是否有任何非拋棄式物品短缺，撤出餐盤等用具，將使用過的杯、盤、匙及餐具收出放在工作車上後，開始清理房內垃圾，將床上的布巾取下放在工作車上，並進行鋪床。

接下來使用清潔劑打掃客房，並以乾抹布擦拭浴室各處，玻璃或鏡子配合專用清潔劑擦拭。放入乾淨的浴室布巾，補足並放妥所有浴室備品。若發現房內有任何故障之處，可自行修理者應自行修復，如果有燈泡或空調問題則報修處理。從房內向門口吸塵地毯，吸塵時家具需移開。在關上房門之前，再次環顧並確認房間，做最後的檢查，確認房間在良好狀態後才離開，打掃好的房間經房務主管檢查後，便可賣房。若為續住房，則須注意，服務時切勿翻看客人行李或客人的文件、書籍等。有時遇到部分客人因考量環保因素，要求不需每日更換某些布巾應需配合，在整理房務中若遇旅客返房，應詢問旅客是否可以繼續整理。

五、鋪床作業

鋪床作業開始前，先看看床上是否有旅客或旅館的物品，若有須先收走以免打破，此外，需再次檢查要替換的床單、枕頭套、被套、床罩等是否有破損或汙漬等狀況。確認後將床慢慢拉出，取去床上的枕頭套、被套、床單。接著鋪上床單，將床單中央對準床墊中央放置妥當。將床單斜摺至床墊下，先摺內側床單（床頭處），一邊移動床墊調整位置，同時將兩邊床單摺入，將床推入，再摺外側床單。

套上枕頭套後，將多餘的部分摺入枕頭內，套上被套，再將被子對準床中央鋪上，回摺被頭，從兩邊盡量拉平。將床罩對準床頭中央鋪在被子上，將床罩床尾部分套好後，拉平至床頭，再回摺留出放置枕頭的空間，從床的兩側盡量拉平，之後將枕頭對準床頭中央放置妥當，最後檢視整張床是否有需要調整之處，確認後將床推回放正，完成鋪床作業（圖 9-4）。

客房沙龍

旅客退房時千萬別自行整理房間

把自己住過的地方弄得清潔乾淨，正是日本人的美學，有些日本人習慣在退房前「還原」房間，認為是方便房務員之舉。但一名日本網友在 Twitter 上發帖表示「拜託客人不要整理房間！」該網友稱，如果客人把房內物品都擺放得原封不動般，房務員便會誤以為客人沒用過，因而不多作整理或更換，新房客便會無辜成為「受害者！」如客房提供的睡衣或浴袍，穿過了便不要摺好；用過的杯子餐具，別洗好後放回原位；床鋪也不需要特意整理。另外，最好直接把垃圾扔在垃圾桶裡，讓房務員知道哪些物品是要棄置、哪些是可重用的。其中有做過酒店清潔兼職的網友直指，特別是布製品，如果客人用過的話，應該明確讓房務員知道，例如把毛巾捲作一團，不要放回原位。

1.取去枕頭套、被套、床單

2.檢查保潔墊是否有汙損，若有則更換

3.鋪上床單

4.將床單斜摺至床墊下

5.套上枕頭套

6.套上被套

7.將床罩鋪在被子上，再回摺留出放置枕頭處

8.將枕頭放置於床頭中央，再次檢查是否有需要調整之處，完成鋪床

圖9-4　鋪床作業

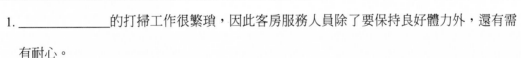
客房小達人

1. _____的打掃工作很繁瑣，因此客房服務人員除了要保持良好體力外，還有需有耐心。

2. 若旅客在客房門口掛上_____的招牌或有提示亮燈時，則表示旅客不願意被打擾，就不應進行打掃。

3. 進入客房打掃，應以適當的音量告知_____或_____。

4. 旅客不想被打擾時，可從房間門縫下塞入_____，讓客人了解如果有需要被服務，仍隨時準備為其服務。

5. 使旅客備感溫馨舒適提高滿意度，保持良好的品質與效率是_____工作的基本原則。

9-2　公清組

　　公共清潔組除了細心打掃維護旅館空間外，也要負責公區廁所及維護整館公共區域的地面清潔，讓每個客人都能有良好的住宿感受，因此公清組服務人員應留意自己的工作範圍，做好份內工作。

一、公清組工作範圍

　　公共區域清潔組（後簡稱公清組）在館內的勤務是相當廣闊的，清潔員所掌管的工作包括打掃公區廁所及維護整館公共區域的地面清潔；而旅館硬體設備，也是要靠清潔員細心的打掃維護，將最完美的一面呈現給每一位來店的旅客，才能讓客人有賓至如歸的感受，進而再度光臨旅館。因此，迅速正確而熟練的工作服務，以及親切得體的應對態度，是每一位清潔員應具備的基本條件（圖 9-5）。

圖9-5　公清組除了維持公共區域的各項清潔，其人員也必須熟悉各類機器的操作

　　清潔員歸房管部環境維護組所管，其主管是環境維護主任，常見工作場所為旅館內、館外週邊範圍，與全館各單位都有緊密聯絡。應具備工作技能為操作高速打蠟機、蒸汽式洗地毯機、高速磨光機、高壓噴洗機、迷你空壓器、真空吸塵器、吸塵器等。公清組的主要工作任務是維持全館環境整潔，範圍包括旅館各營業場所、各宴會廳、館內公共區域、館外及週邊環境、各後勤辦公室（圖 9-6）。

每日清潔檢查表

檢查人：＿＿＿＿＿＿　　　　　　日期：＿＿＿＿＿＿

樓別	場所	檢查狀況	樓別	場所	檢查狀況
7F			1F		
7F			1F		
7F			1F		
6F			B1		
6F			B1		
6F			B1		
5F			B2		
5F			B2		
5F			B2		
4F					
4F					
4F					
3F					
3F					
3F					
2F					
2F					
2F					

圖9-6　每日清潔檢查表

（一）大理石清潔保養

地板的清潔與保養，能帶給旅客良好的動線與觀感，而完善的保養將延長地板使用期限，因此每日、每週、雙週及每月的保養都不可忽略（表9-1、圖9-7）。

圖9-7　大理石清潔記錄表

表9-1　大理石清潔保養時程

每日清潔	1. 以吸塵機吸塵。 2. 用已稀釋的石材清潔劑擦拭。 3. 擦乾地板。
每週保養	1. 以吸塵機吸塵。 2. 用石材清潔劑擦拭。 3. 做光澤強化保護：用光澤保護劑以地板拋光機磨亮既可。
雙週保養	1. 以吸塵機吸塵。 2. 用清潔劑擦拭。 3. 做強化石材亮度保養：用石材硬度強化劑擦拭。
每月保養	1. 以吸塵機吸塵。 2. 用石材清潔劑強力清洗大理石。 3. 以吹風機乾燥之。 4. 用光澤保護劑做光澤強化保養。 5. 用石材硬度強化劑做石材亮度強化保護。

（二）地毯清潔

地毯的維護與清潔，是旅館空間的重要關鍵，分為水洗及乾洗二種方式，其清潔重點如下（表 9-2）：

表9-2　地毯清潔方式

地毯水洗	地毯乾洗
1. 將地毯表層以吸塵器處理乾淨。 2. 灑上適量已稀釋過的噴霧式地毯清潔劑。 3. 用打蠟機將污漬部分除去，並使其均勻。 4. 以吸水器吸乾水份。 5. 用大型吹風器具吹乾地毯。	1. 將地毯以吸塵器處理乾淨。 2. 灑上適量的地毯處理劑。 3. 加上乾洗粉。 4. 用打蠟機將污渣部分除去，並使其均勻。 5. 用吸塵器將乾洗粉吸乾淨。 6. 用吸塵器將細部角落也吸乾淨。 7. 用大型吹風器具吹乾地毯。

（三）木質地板維護

木質地板的保存不易，因此良好的清潔及保養將能延長地板的使用年限，其日常的清潔與保養說明如下（表 9-3）：

表9-3　木質地板保養說明

日常清潔	加強亮度
1. 將地板掃乾淨。 2. 用已稀釋的清潔劑擦拭地板。 3. 若仍不夠清潔則再以打蠟機磨光。	1. 清潔時以大型洗地機清洗，並將「快活清潔劑」予以稀釋。 2. 清洗後用吹風器具吹乾。 3. 均勻的上塗上地板亮光蠟。 4. 用吹風器具吹乾。

（四）磁磚清潔保養

旅館磁磚的清潔影響旅客行進間的感受，故除了平日清潔外，也應定期防滑及保養。

1. 平時以清水加上清潔劑稀釋後擦拭即可。

2. 每月定期做防滑處理：

(1) 將磁磚清洗乾淨。

(2) 均勻的將止滑劑打上即可。

（五）電梯清潔維護

　　電梯負責運送旅客至入住流程，是封閉空間，雖然短暫卻會影響旅客之心情，因此良好的清潔及保養也是相當重要的一環。

1. 電梯內部木質部分：用碧綠珠家具油上蠟並擦拭之。
2. 電梯內外門扇電鍍部分：
   (1) 用脫脂棉沾酒精擦拭。
   (2) 以絨布加上碳酸鈣粉擦拭，用以恢復光亮度。

二、公清組的工作任務及職掌

　　公清組的工作任務是環境維護，其範圍包括各營業場所、各宴會廳館內公共區域、各後勤辦公室。其工作職掌如下：

1. 組長、領班、主任：督導全館清潔區域，並與各單位溝通每月保養計畫，各類消耗品及藥劑控管。應與其他單位協調事務，執行辦公室行政文書作業流程，如班表整合、各區域清潔進度及工程維修追蹤聯繫、客人遺留物回報流程處理、督導各班別保養執行進度、填寫每日公廁巡檢表。
2. 清潔員：應具備的基本工作技能有各類機器的操作，如高速打蠟機、蒸汽式洗地毯機、高速磨光機、高壓噴洗機、迷你空壓器、真空吸塵器、吸塵器、大理石清潔機等；操作須確實掌握。

三、公清組的工作內容

　　為維持公共區域的清潔品質，公清組應於每日、每週、雙週、每月進行保養外，另應對於其它特殊地帶進行維護，以下為公清組工作內容的說明。

1. 清潔保養：包括每日清潔、每週保養、雙週保養、每月保養。
2. 地毯清潔保養：地毯水洗、地毯乾洗、塑膠地板保養維護、地板日常清潔及加強亮度、磁磚清潔保養、電梯清潔維護等。

客房沙龍

一般人對房務員經常有的誤解－「綠色旅店」讓房務員更輕鬆

　　綠色旅店倡導減少床單、減少毛巾更換頻率、少提供拋棄式盥洗用具、做資源回收等。但這篇報導指出，雖然促成環保，但卻對房務員的工作量造成反效果，因為「房間累積好幾天沒有打掃，反而更髒」。

　　每個房務員每天有固定的工作量，計算下來每間房間必須在「半小時內」清理完畢，否則旅館方面會懲處。綠色旅店使每間房間更髒，他們就必須使用更強的高效清潔劑，無形間也讓他們暴露在更多化學物品中。

房務員雖然不是一份吸引人的工作，但至少沒有危險性

　　很多人以為清理房間是一件輕而易舉的事情，但除了一天要處理 10~14 間房間之外，許多房務員都有肌肉疼痛的問題。怎麼說呢？現在許多酒店主打的「奢華床」，光是換床單，就必須要先搬起 45 公斤的床，廁所的部分，它們幾乎都是跪在冰冷的磁磚上面擦地板。

　　托姆斯基指出，廁所的清潔使房務員直接接觸到客人留下的體液，如果當中有「病原性」的血液或體液，其實是很危險的。除此之外，女性房務員被性騷擾的案例也是屢見不鮮。

床蝨已經完全消滅

　　別以為到了 21 世紀，就和床蝨說拜拜了。其實這是一個長期存在的問題，每個房務員都有受過訓練來消滅牠們。床蝨會啃床單，最有效的滅蝨方式是在白天把床單攤開徒手抓。

遙控器是房間裡面最髒的物品

　　如果你擔心遙控器很髒，「那就用浴帽把它包起來再用」托姆斯基建議。但是另一個東西可就不一樣了，它可能是房間裡面最髒的東西－那就是「水杯」。

　　你可以發現，房務員的清理推車裡面，並沒有針對玻璃杯清潔的「除漬」清潔劑，他們往往是丟到水槽裡面用熱水和洗髮精做清潔，也有人直接拿擦家具的「擦亮劑」清潔，這麼做能讓玻璃杯看起來亮晶晶的，因為沒有客人希望在 check in 時看到水杯有水漬。

　　　本文節錄自：旅遊雲 | ETtoday 旅遊新聞（旅遊）

原文網址：https://goo.gl/UW2gVK

客房小達人

1. 清潔保養包括_____、_____、_____、_____。

2. 掌管打掃公區廁所及維護整館公共區域的地面清潔是公清組的工作。

3. _____、_____且_____的工作服務，以及親切得體的應對

　態度，是每一位清潔員應具備的基本條件。

4. 電梯可以用絨布加上_____擦拭以恢復光亮度。

5. 房務員的每間房間必須在_____內清理完畢。

9-3 管衣室

管衣組包括：布巾員、衣務（整衣）員及乾（水）洗（燙衣）員，由於不需面對客人，因此專業度和是否能確實執行標準作業，是評估員工是否適任的要素。

洗衣房主管：對布品處理必須具有相當專業的知識，需要了解洗衣的程序、洗滌藥劑的種類、有機溶劑的添加比例、機械設備的簡單保養、各類衣物質料、熨燙的方法等。

洗衣房主要負責處理全館布巾類物品的收繳、洗滌、熨燙、整理、保管、更新、補充、申請、修補及發放等工作。一般情況下設有布巾間以妥善管理及存放清洗完成的布品，並定期盤點、做成紀錄，按時提出破損、遺失及報廢等布品數量。此外，廚衣因為較易弄髒，更換較為頻繁，若是不留意，很可能廚師就會沒有乾淨的制服可以領取換穿，所以要特別留意廚衣的洗滌完成時間。

對於客人送洗衣服的洗滌和熨燙尤其要謹慎處理，例如需注意將襯衫活動領的支架板在清洗前取出，並在客衣熨燙完畢後放回；在燙衣時注意勿壓壞鈕扣；燙衣板面需於每日工作前擦淨，否則可能將白襯衣燙髒等，以免造成客人的抱怨甚至旅館的金錢損失。現代旅館的洗衣房設備幾乎都是電腦自動化，使得洗衣的工作輕鬆許多，但是許多的機器設備在操作時都具有潛在的危險性，需要確實遵守標準作業，以免發生意外。洗衣作業亦為房務的服務範圍，是公司的營利部門之一，故如何正確、快速的提供洗衣服務，也是房務工作勤務中重要的一環。

一、洗衣組的工作職掌

洗衣組的工作職掌又分為主任、領班、乾洗員、燙衣員、水洗員、裁縫員、制服及布巾服務員等，各工作分別有其須注意事項，故主任與領班的督導工作，與洗衣房的運作效率息息相關，並應確保每個職務的員工都知道旅館的要求，以下就洗衣組的職務內容說明之：

（一）主任

　　飯店內督導整個洗衣房高效率的運作，並確保提供高品質的服務。應具備的基本工作技能爲機械操作，工作內容爲督導洗衣房標準程序的執行，提出在現行基礎上需要更新的工作標準和培訓計畫；持續了解最新的洗衣房系統知識，確實有效的在上下班移交工作；控制洗衣房內外部的電話溝通，處理員工的投訴，工作任務的直接分配與調換，檢查工作的品質，協調客人和飯店的需求。

　　確認洗衣及時的處理和送回，協調特殊的工作，確認自己全面了解旅館的房型、設施，以及所在位置，主持各班次的交班會議，確保每個人都知道旅館的活動和要求。

（二）領班

　　領班與全公司皆有互動，然就工作內容而言，連絡較爲頻繁者爲房務部及餐飲部各廳。工作概要爲根據預算方針負責布巾房的所有具體事項，包括員工制服的管理和該區域的布巾傳送工作、全面掌握目前布巾房體系的相關知識、控制布巾房內外部的電話溝通、安撫和處理員工的不平情緒、負責工作的品質檢查、根據客人和飯店的要求與客房部保持聯繫、確保員工制服和飯店布巾即時被處理和遞送、確認熟知所有房型、布局、家具和相關場所的資訊、監督管理布巾房的庫房區域並隨時保存足夠的庫存量。

（三）乾洗員

　　乾洗員須熟悉將制服進行乾洗和去汙，將客衣分類後乾洗，以及對不同種類的衣物進行洗滌。平日應注意維持足夠的化學藥品供應；準備已耗盡物品的採購申請；收到洗衣時檢查有無破損，如有破損須作好記錄；要有禮貌的應對飯店內外的客戶，以取得更好的銷售成果；維持工作區域和設備的最佳工作狀態，保持清潔和維護設備；隨時向上級主管報告客人的投訴；遵守飯店健康、安全和衛生政策，並堅持個人的儀表和衛生標準；完成其他被指派的工作。就工作內容而言，與其連絡較爲頻繁者爲房務部及餐飲部。

（四）燙衣員

　　燙衣員（圖9-8）其工作概要為負責客衣服務的熨燙與包裝；將飯店客人的衣物進行分類熨燙；確實按照織物的質地選擇合適的溫度和壓力，讓所有的衣物在適當的條件下被熨燙，並須確保機器和工作區域內的整潔，如發現有破損的拉鏈和遺失扭扣，須進行整理和縫補工作，以及向洗衣房經理彙報。其連絡較為頻繁者為房務部及餐飲部。

（五）水洗員

　　水洗員須進行分類清洗飯店的客衣、制服及布巾，並即時添加適量的洗滌藥品，保持適當的溫度、壓力和水量，確保機器和工作區域的整潔等。連絡較為頻繁者為房務部及餐飲部各廳。

環境維護地板清洗紀錄表

（　）月份

地點	記錄	備註
層樓走廊		
層樓客房		
各辦公室		
樓　梯		
大　廳		
喜宴大廳		
中 餐 廳		
咖 啡 廳		
會 議 廳		

圖9-8　地毯清潔記錄表

（六）裁縫員

　　裁縫員工作內容為負責客衣、飯店布巾及員工制服的縫紉、縫補工作，包括客衣、飯店布巾和制服的更改、調整和修補工作；使所有新進員工都有合適的制服；裁減、製作、縫補和調整制服；將報廢無用的布巾再利用，轉變成有用的新東西；縫補窗簾、墊子等物品；為飯店的特殊活動準備服裝，且在必要時輔助布巾房的工作。

（七）制服及布巾服務員

　　制服及布巾服務員工作內容為負責接收、分類、發放員工制服，輔助盤點存貨，輔助縫補制服、客衣，向主管彙報制服破損和遺失的情況，保持制服和設備處於良好的清潔和維修狀況。

二、洗衣組工作服務範圍

洗衣組工作服務範圍有洗場、燙場、平燙場、收付等，負責房客及員工的交洗衣物的清潔、收送、編號、聯絡、品管及包裝等，其服務範圍說明如下：

1. 洗場：洗衣機械的操作，其負責範圍為餐飲部各廳，如檯布、口布、桌圍、桌墊、小毛巾及各類織品，房務部各類毛巾、床單、被套、枕頭套、床罩及各類織品，全公司員工訂製的制服，房客住房旅客交洗的衣物。

2. 燙場：整燙設備的操作，其工作範圍由洗場洗滌完畢的各類衣物，完成脫水手續後，交由燙場整燙。整燙範圍以員工制服及房客交洗的衣物為主。

3. 平燙場：負責撐開機、平燙機及摺疊機的操作。由洗場洗滌完畢的各類大宗織品，如床單、被套、枕頭套、檯布、口布等大都可直接進行整燙。

4. 收付：負責編碼機及縫紉機的操作，其服務範圍有房客交洗衣物的收送、清點、編號、連絡、品管及包裝，與制服間之間的員工制服清點、連絡、品管、包裝、收送，各類毛巾的折疊分類，各類織品的清點收發。制服間以收發員工制服為主，縫補以服務房客及員工衣物的綻線、掉扣，以及織品的修護和報廢為主。

三、一般洗衣作業流程

洗衣流程分別為分類、洗滌、脫水及烘乾，每一流程都有其專業工作能力，應掌握要點以便保有工作效率及服務品質，洗衣作業流程說明如下（圖9-9）：

圖9-9　洗衣作業流程

1. 分類：洗滌物的分類在洗衣組是一件十分重要的工作，須有判斷洗滌物的能力，是該水洗？還是乾洗？是否會縮水、褪色變形或損壞？若有一時疏忽，便會造成缺失。飯店內的洗滌物種類繁多，分類時以下列三大類為原則：

(1) 布巾類：床單、枕套、毛巾、檯布、餐巾、抹布、雜項如窗簾布、椅套、床裙、檯裙、毛毯等按其質料、顏色、種類、汙垢類型作分類挑選。

(2) 工作服：將衣物分成乾洗或水洗二類，再按其質料、顏色、種類、汙垢類型作分類挑選。

(3) 客衣：客人衣物可按衣料的顏色、衣料的厚薄、衣物的質料作分類挑選。

2. 洗滌：洗滌的主要功用是將汙物洗滌乾淨，完善的洗滌效果能促進脫水、烘乾、和整燙生產效率。此階段可加入衣物柔順劑，更能加強上述階段的工作效果。

3. 脫水：在衣物洗滌後，須經過脫水程序，脫水是利用高速離心原理，將洗物上的水分脫掉，進而節省衣物烘乾的時間。在此應注意脫水時間長短須按洗物的質料來定，時間太長太短，都會影響烘乾或壓燙的生產效率和品質。

4. 烘乾：烘乾機的運作原理，是機器底部有一座風扇形的裝置，可將頂部的蒸氣熱量帶進中間的圓滾筒中，做有規律的滾動，進而將衣物烘乾。操作過程中應注意衣物不可超量、溫度要控制適當，而烘乾時間可按不同種類的衣物纖維來掌握時間的長短。

四、織品洗滌過程說明

工作時應注意乾衣設備須適當的操作和維修，衣物須徹底烘乾，危險物質洩漏時，應立即檢查和補救，危險物質溢出時，應立即擦、拖及用肥皂清洗，工作和儲藏地點隨時保持良好的通風，在開放式的設備中工作，應戴安全眼鏡及手套，其洗滌過程如下（圖9-10）：

沖洗　　洗濯　　漂白　　清洗　　酸洗

圖9-10　織品洗滌過程

（一）織品洗滌過程

沖洗、洗濯、漂白、清洗、酸洗。

1. 沖洗：將附在衣物上的汙垢先用清水予以沖洗和稀釋，讓衣物有相當的溼滑程度，以促進洗滌效果。

2. 洗濯：依洗滌物的織品種類及汙垢程度，使用適當的洗滌劑、洗水位、溫度、時間來洗滌衣物，以獲得經濟有效及安全的洗滌效果。

3. 漂白：白色織品在洗濯後，如還餘下少量頑汙，可用漂白劑輔助，令白色織物色澤更鮮豔美觀。要留意溫度和用量的適當控制，以保證洗滌物達到最佳洗滌效果。

4. 清洗：清洗又稱過水，當洗滌物經過高鹼性洗濯後，用清水將織物中的殘留物及鹼性物除去，可加強洗滌效果。在清洗中要注意的是次數與先後，例如兩次高水位的 2 分鐘清洗，比一次高水位 6 分鐘的清洗效果更理想。

5. 酸洗（中和）：各類織品洗後是維持在高鹼的狀態，故最後再以酸劑加以中和，使其酸鹼度與人體皮膚相同，以完成洗滌程序。中和程序的目的是使衣物不致傷害皮膚，並使織品不致氧化變黃。

五、洗衣組的定期保養作業事項

洗衣組應依機器需求進行檢查及保養，共分為每日、每週、每月及不定期保養，其保養說明如下：

1. 每日保養：須擦拭洗衣組所有機械表面。洗衣脫衣機設備，乾燥設備、空氣壓縮機、空氣乾燥機、平燙機、摺疊機、縫紉機、製漿機、編碼機等設備經常性檢查。

2. 每週保養：有機溶劑作業（乾洗機）檢查、有機溶劑防護用具自動檢查。

3. 每月保養：協調工務部機械月保養（洗衣器材軸輪上潤滑油）、全公司棉織品清點。

4. 不定期保養：傳閱危險物質（乾洗器材四氯乙烯）安全資料表。

客房沙龍

洗衣房的設置

　　往例大型旅館均有自己的洗衣房，用來清潔消毒毛巾、床單、餐廳桌巾桌布、員工制服，以及客人衣物，但近年來隨著時代進步而有所改變，尤其是因為洗滌專業人員缺乏，環境廢水、汙水排放不易，洗滌機器昂貴等因素，造成費用增加，以及管理不易，所以目前很多旅館在興建過程中就避免興建洗衣房設備，通常的作法是直接外包給工業區洗滌廠商，廠商也會將送洗衣物分類整理，在旅館要求時間內送達旅館，品質較易掌控，此作法已行之有年。

客房小達人

1. ＿＿＿＿＿＿＿主要負責處理全館布巾類物品的收繳、洗滌、熨燙、整理、保管、更新、補充、申請、修補及發放等工作。

2. 洗衣房許多的機器設備在操作時都具有潛在的危險性，需要確實遵守＿＿＿＿＿＿，以免發生意外。

3. 洗衣組工作服務範圍有＿＿＿＿＿、＿＿＿＿＿、＿＿＿＿＿、＿＿＿＿＿等。

4. 洗衣流程分別為＿＿＿＿＿、＿＿＿＿＿、＿＿＿＿＿及＿＿＿＿＿。

5. 織品洗滌過程分為＿＿＿＿＿、＿＿＿＿＿、＿＿＿＿＿、＿＿＿＿＿、＿＿＿＿＿。

溫故知新

1. 旅館的房務部，不僅有客房清潔及住房品質維持的的功能，更是維護旅館對外形象的重要部門。

2. 房務組的作業很多，常見的作業除了客房清理外，還有鋪床、開夜床，此外請勿打擾的處理也是工作內容之一。

3. 客人提出請勿打擾時，可從房間門縫下塞入「住客服務卡」，讓客人了解如果有需要被服務，仍隨時準備為其服務。

4. 在進入房間整理房間，應告知旅客「housekeeping」或「整理房間」。

5. 公共區域清潔組（後簡稱公清組）在館內的勤務是相當廣闊的，清潔員所掌管的工作包括打掃公區廁所及維護整館公共區域的地面清潔。

6. 洗衣房主要負責處理全館布巾類物品的收繳、洗滌、熨燙、整理、保管、更新、補充、申請、修補及發放等工作。

7. 洗衣組工作服務範圍有洗場、燙場、平燙場、收付等，負責房客及員工交洗衣物的清潔、收送、編號、聯絡、品管及包裝等。

8. 洗衣流程分別為分類、洗滌、脫水及烘乾，每一流程都有其專業工作能力。

9. 洗滌物的分類在洗衣組是一件十分重要的工作，須有判斷洗滌物的能力，是該水洗？還是乾洗？是否會縮水、褪色變形或損壞？若有一時疏忽，便會造成缺失。

10. 衣物烘乾時間可按不同種類的衣物纖維來掌握時間的長短。

new york

paris

tokyo

bangkok

❧ 總 結 篇 ❧

第十章　客房的服務品質與管理

第十章
客房的服務品質與管理

旅館客房管理包括客務及房務,是旅館裡外的重要角色,在任何時候,這二個角色的工作品質,會深深影響顧客對房間舒適度的感受及旅館的全面印象,故其服務品質的管理非常重要,本章介紹客房部管理原則,並從客房規劃設計原則帶入客房服務,期望帶給客務與房務的入門學習者基本的概念,做為服務的指標。

學習目標

1. 了解客房管理及服務原則。
2. 了解客房規畫與服務之間的關係。
3. 了解客房服務的精神與理念。

10-1　客房部管理原則

　　客房部提供的服務將帶給旅客正面的衝擊，因此良好的管理及服務提供，將影響旅客再次入住的意願，因此其客房的服務原則，若能有完善的規畫及管理，將使客房服務更加流暢。

一、客房提供的服務與設施

　　客房分為有形及無形二種服務，除了給予旅客安靜舒適的休息環境外，其無形的服務也是相當重要，因此，旅館應提供旅客優質的服務以及適合的設施。

（一）基本提供

　　旅館應該提供熱情周到的服務，為給旅客營造一個安靜舒適的環境，使客人得以很好地休息，因此隔音措施及噪音有效控制與干擾，是住宿過程很重要的一環，應避免旅客被打擾，以免影響旅客情緒。客房的服務項目必須齊全配套，各種服務必須迅速及時；服務人員的態度則必須做到主動熱情、親切禮貌，從而給旅客一種溫馨的氛圍。此外，應帶給旅客家庭的溫暖，尤其在旅客身體不適和不順心的時候，更應該給予關心和照顧。而旅館的布局和裝修，應盡可能營造一種溫馨家庭的情調，不但要空間充足、布局合宜，還要設施完善，保養得當，且運轉正常，另外用品齊全，與客房的清潔衛生與安全可靠也是相當重要的一環（圖 10-1）。

圖10-1　旅館應為旅客營造一個安靜舒適的環境

（二）客房內容

　　客房是客人在旅館停留期內的生活場所，因此客房必須具有足夠的空間和合理的布局，以滿足客人的需要，並且應做好客房設施質量的控制，因客房設施質量是

客房服務質量的物質基礎。它主要表現在客房的裝修質量、客房設備的齊全程度、客房設備的等級、客房設備的完好程度；此外，客房用品的擺放必須根據美觀、方便客人的原則，規定各類用品的擺放位置，既要有定性要求，也要有定量要求（圖 10-2）。

圖10-2 客房設施質量是客房服務質量的物質基礎

二、服務原則

客房部的設置和招待組一樣，應從旅館的規模大小、經營狀況、發展計劃等實際情況進行合理設置，其責任分工及服務目標，除了求人員精簡外，應考量高效率，切勿過份簡化，而出現職能缺位的現象。客房商品的銷售與其他商品最大的區別在於只出售使用權，商品的所有權不發生轉移（圖 10-3）。

圖10-3 旅館不可過份簡化人力，而出現缺位的現象。

客房部員工應向客人提供各類客房服務，但應尊重客人對客房的使用，另一方面，也應保護旅館對客房的所有權，做好客房設備設施、物的質量，讓客房部會計核算用品的保管和維護工作。客房是一種以時間為單位出售的商品，一旦在規定時間內沒有達到其功能，其價值就會喪失，因此加速客房清掃程序，使客房快速周轉，才能即時為旅館銷售提供合格產品（圖 10-4）。

圖10-4 客房的服務原則

三、客房的功能

　　客房是旅客最主要向旅館購買的商品，因此也是旅館的基礎，一般客房的建築面積一般占總體建築面積的 60%～70%，因此旅館投資上，客房占了投資中相當大的比重。客房的收入十分可觀，通常占旅館全部營業收人的 40%～60%，因此客房部的有效管理及與其他部門的合作，將提高 JW 旅館收益（圖 10-5）。

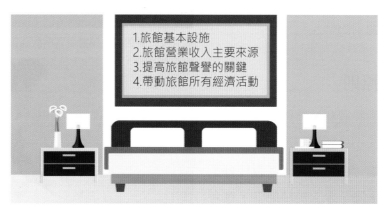

1. 旅館基本設施
2. 旅館營業收入主要來源
3. 提高旅館聲譽的關鍵
4. 帶動旅館所有經濟活動

圖10-5　旅館客房的特性

客房沙龍

如何當個旅館經營達人

　　在天下雜誌第 420 期〈魏秋富經營旅館就像耍特技〉一文中，曾報導原本是劇團表演者的臺北旅店副總經理魏秋富，他在一次表演中摔倒身體受傷，而離開了劇團，之後卻在旅館業施展他精通的「特技」。此文中分享到，他每天早上上班第一件事，是仔細看過早餐的裝盤、菜色。再翻閱櫃檯主管交接班紀錄，抓到流程中的問題就立刻記錄下來討論。聽說遇到冷氣故障，他西裝外套一脫，立刻充當水電工，一刻也不能影響住房率。公司的人說他經營旅館像是特技團總舵手，總是能整合每個部門主管提出的商業創意，然後找出有限成本下可執行的方式。例如房間需要設計，反而找實踐大學學生來執行，每間房間造型獨特，也因此在年輕旅客及網友間打下口碑，卻相對省下昂貴設計師的費用。在他的努力下，4 年內從只有一家旅館，擴張到 6 家平均消費額落在 1～3 千的平價旅社。　　資料來源：節錄自天下雜誌第 420 期，〈魏秋富經營旅館就像耍特技〉一文。

客房小達人

1. 旅館客房管理包括客務及＿＿＿＿＿＿＿，是旅館裡外的重要角色。

2. 旅館的＿＿＿＿＿＿＿和＿＿＿＿＿＿＿，應盡可能營造一種溫馨家庭的情調。

3. 客房的服務原則為＿＿＿＿＿＿＿、＿＿＿＿＿＿＿、＿＿＿＿＿＿＿。

4. 客房的建築面積一般占總體建築面積的＿＿＿＿＿＿＿。

5. 客房的收入十分可觀，通常占旅館全部營業收人的＿＿＿＿＿＿＿。

10-2 客房規劃設計原則

客房為旅館的重要設施之一，其所占空間比例最高，是住客活動的主要區域，因此客房設計除了豪華精緻的考量以外，實用性亦為其規劃重點（圖10-6）。

一、客房的設置

客房因旅客需求而提供不同的種類及機能規畫，其設計重點關係到旅客入住的舒適度，故客房應留意以下設置重點：

圖10-6　客房與顧客的生活與生理有著密切的關係，其設施規劃強調實用且舒適

1. 客房的種類：客房分為單人、雙人、三人、套房、連結房、總統套房、日式用房等種類。

2. 客房機能規劃：依空間機能分為浴室、客廳、化妝室及浴廁間。

3. 客房的設計重點：其設計首重配電管控制、房間控制系統、管道間的分配、隔音 (Sound Proof) 設備等規劃。並考量電梯口出入位置等距分配，易於尋找客房房號，且每層樓均須有合乎法規的消防設備，以及隱藏式監視器，使住客享有安全的居住環境。

（一）控制系統設計

旅館的控制系統設計，主要是為使客房住宿更加舒適，並減少服務人員對房客打擾的次數。目前控制系統常見開關及控制面板如下（圖10-7）：

1. 電燈總開關　　　　2. 門燈開關　　　　3. 左右床頭燈開關

4. 化妝燈開關　　　　5. 小夜燈開關　　　　6. 茶几燈開關

7. 浴室燈開關　　　　8. 冷氣風速開關　　　　9. 音樂頻道選擇、音量調整

10. 電視電源、頻道開關　　11. 子母時鐘

12. 其它依旅館屬性而設制的控制系統

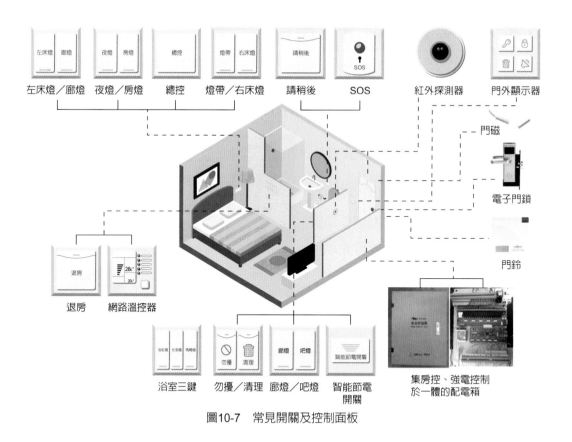

圖10-7　常見開關及控制面板

有些旅館亦設置請勿打擾，以及請打掃房間的按鈕，前者主要用來提醒門外的人，房客不希望受干擾；而後者主要是用來提醒旅館打掃人員可以前來打掃。

（二）鑰匙或房卡

現今多數旅館採用卡式鑰匙 (Card Keys)，可隨時更換設定時間，無須繳回，其卡片正反面亦可做旅館廣告，每片成本約新臺幣 15 ～ 20 元。卡片鑰匙會記錄進入房間的時間，以及可以分辨何者於何時進入房內，對於旅館安全又多一層保障。

（三）衛浴設備

衛浴設備的設計，除了要求舒適乾爽，其未來維修考量也是一大關鍵。每間房間的衛浴開關及供給、排放設備，應該為獨立設置，避免未來故障時，影響其他客

房的使用。規劃時更應注意衛浴及排水聲響，以免干擾隔壁房客，這點也是影響旅客對於旅館觀感的一大要點之一（圖10-8）。

圖10-8　旅館浴廁的設置應以乾濕分離的方向為設計要點

（四）客房的安全

客房首重安全性，要留意不能有視線所不能及的死角，且設計應有符合國家規定的設備，提供顧客舒適安全的客房。

（五）客房家具

旅館的客房家具基本配備有衣櫥、床頭櫃、寫字桌及茶桌。其主要以堅固、不易損傷、方便清潔、安全、符合人體工學為主。應避免不實用及過度裝飾的設置。

1. 衣櫥：一般衣櫥主要設置於房門入口處，除了收藏衣服，亦可收藏房內被枕。
2. 床頭櫃：主要用來放置檯燈、電話，以及旅客隨身攜帶的物品，其設計以讓旅客不必起身就能伸手拿取東西為主，但最好高於床鋪3公分，以避免房客睡覺時，無意識的打落桌上物品。
3. 寫字桌：由於許多旅館的主要客戶是商業人士，因此寫字桌也是客房的主要設施。另一方面，為節省成本，最好能兼有化妝桌的功能，故材質應以不被酒精腐蝕為主。
4. 茶桌：客房內的茶桌則以耐熱、耐藥性的美耐板類，或大理石類等建材製造的為佳。

（六）隔音

在旅館的客訴中，旅客最常以「隔音設備不佳」為主要抱怨事由，故旅館必須特別注意客房的外壁、窗戶、門縫

住房小禮品

何謂噪音

一般所稱「噪音」，指的是不想聽到或讓人感到不適的聲音。在執行法規時，當受管制的噪音源發出的聲音超過管制標準時，即成為噪音管制法所指的噪音。對於噪音的標準，每個人感受不一，若以數據來判定，音量在50分貝以下，人會感到舒適；50～70分貝之間，則會引起些微的不舒服；若長期處於70分貝以上的環境，就會使人焦慮不安，引發各種症狀。

等隔音設備是否完善，例如窗戶可使用雙門窗，或者以加厚外壁等方式來達到隔音效果，另外應留意防止室外談話聲、空調出風口的聲音、走廊腳步聲，以及手機聲響，以提供旅客安靜的休息空間。

（七）空調

旅館規劃設計中，空調的舒適度是重點之一，因各空間有不同的用途及人員密度，故須有不同的空調設置，另外因應節能趨勢，內政部營建署對於旅館餐飲類建築物的節約能源亦有其設置標準。

客房沙龍

旅館動線規劃

很多旅館的興建，是透過沒有經營旅館經驗的建築師或建設公司的老闆所為，其最主要缺點是動線的規劃，因為高級旅館旅客與旅館員工的生活動線是不同的，也就是說，如果旅客與旅館服務生搭同一部電梯，或是旅館員工從客人進出的大門上班，這就表示規劃者當初對於旅客與服務人員的動線沒有全盤的規劃，無法使旅客有受尊重的感覺。

旅館動線規劃當然還包括採購動線、垃圾處理動線等，例如打掃客房的服務人員，上班必須經過警衛安全室檢查，經過更換服裝之後才能上班；房內備品因為所有房間均用的到，所以必須透過採購動線嚴格控管；下班員工也必須重複經過警衛安全室的檢查才行。

客房小達人

1. 客房分為＿＿＿＿＿＿＿＿、＿＿＿＿＿＿＿＿、＿＿＿＿＿＿＿＿、＿＿＿＿＿＿＿＿、＿＿＿＿＿＿＿＿、＿＿＿＿＿＿＿＿、＿＿＿＿＿＿＿＿等種類。

2. 客房依空間機能分為＿＿＿＿＿＿、＿＿＿＿＿＿、＿＿＿＿＿＿及＿＿＿＿＿＿。

3. 有些旅館亦設置＿＿＿＿＿＿＿，以及請打掃房間的按鈕，前者主要用來提醒門外的人，房客不希望受干擾。

4. 客房首重＿＿＿＿＿＿＿，要留意不能有視線所不能及的死角。

5. 人若長期處於＿＿＿＿＿分貝以上的環境，就會使人焦慮不安，引發各種症狀。

10-3　客房服務

　　對服務業而言，服務動作有其服務特性的不易標準化，但是相對於飯店其他前場的工作，房務員的潔房工作較有一套標準作業流程。對於旅館經營而言，服務則是注重顧客重視程度、滿意程度、服務人員品質與再宿意願，並確實提供顧客安全、清潔、舒適的居住環境及優良的服務品質，做好顧客管理關係。

一、顧客親身體驗

　　服務最重要是如何讓顧客積極地參與過程，而顧客的知識、經驗、動機等，對服務績效有莫大的影響。如果顧客會出現在服務現場，服務環境的設計對顧客的影響更是不容忽視的，對顧客而言，服務就是服務環境的親身經歷，服務設計如果符合顧客的觀點，一定能為服務品質加分，即便只是牆壁的顏色，都可以帶給顧客不一樣的心情。

（一）充分利用服務能量

　　服務能量是一個旅館所能夠進行有效的服務操作及活動的能源。服務能量的管理、設備的有效利用、減少設備閒置時間等，都是服務管理的重點。所以，充分利用服務能量是服務管理的一大重點。旅館是一種有接觸才有服務，有服務才有利潤的行業，因此不管是服務人員親訪或是顧客光臨，顧客和服務提供人員都必須有所接觸。而服務品質的控制不容易進行，因為服務沒辦法預先儲存，而顧客的需求是變動的，故變動需求就是服務管理的一大挑戰。

　　顧客對服務的需求通常為一種週期性的行為，有尖峰和離峰的變動，面對服務需求的變動和服務能量的易逝性，服務管理可以採取三種策略：

1. 分散需求
   (1) 利用預約或是保留。
   (2) 利用價格誘因（離峰時段打折）。
   (3) 行銷離峰時段（尖峰時段反行銷）。

2. 調整服務能量

(1) 在尖峰時段雇用臨時工。

(2) 根據服務的需求量排班。

(3) 增加顧客自助式服務的內容。

3. 讓顧客等待：可能得承擔顧客不滿意，抱怨，甚至失去顧客的風險，是屬於消極的作法。

（二）服務的價值

　　服務價值是指隨著商品的出售，旅館向顧客提供的各種附加服務，包括商品說明、保證、服務、品質所產生的價值。在旅館市場營銷實踐中，隨著消費者收入水平的提高和消費觀念的變化，遊客在選擇旅館時，不僅注意旅館本身的有形商品，也更加重視住宿附加價值的總和，因此在提供優質住宿的同時，提供旅客完善的服務，已是現代旅館市場競爭的重點，以下為服務價值的七要素：

1. 顧客忠誠度等於利益與成長，此為營利關鍵。

2. 顧客滿意度等於顧客忠誠度。

3. 價值等於顧客滿意度。

4. 員工生產力等於價值。

5. 員工忠誠度等於員工生產力。

6. 員工滿意度等於員工忠誠度。

7. 內部品質等於員工滿意度。

（三）服務的要素

　　要將服務能量最大化，可將服務分為結構上及管理上等二大要素去執行。

1. 結構上的要素

(1) 提供系統：前檯與後檯、自動化、顧客參與。

(2) 設施設計：大小、美學、布置。

(3) 位置：顧客人口統計、單一或多重服務點、競爭、服務點特性。

(4) 服務能量規劃：等候線管理、服務人員數量、供給的一般性或尖峰需求。

2. 管理上的要素

 (1) 服務接觸：服務文化、動機、人員的選擇與訓練、授權。

 (2) 品質：衡量、監控、方法、期望與認知的對比、服務保證。

 (3) 管理能量與需求：改變需求與控制供應的策略、等候線管理。

 (4) 資訊：競爭資源、資料蒐集。

二、服務禮儀

  整潔的儀容，得體的應對，是現代社會中建立良好人際關係的第一步，尤其對服務業而言，禮儀儀容更是重要。旅館中的每一服務人員，都代表著旅館的形象，其個人的表現，都會影響他人對旅館的印象及聲譽。

（一）服務精神

  從事服務業，首先應具備愛人的美德與為人服務的熱忱，充分發揮敬業樂群的精神，真誠處事，和氣待人，如此才能在此行業中有所發展。

1. 服務業的性質：服務業顧名思義是靠服務賺錢的行業；在旅館中，硬體設備的優劣及食物的好壞，固然重要，軟體服務品質及服務態度更是決定企業成敗的關鍵；故軟、硬體兼顧，是一流飯店應具備的條件。

2. 一視同仁的服務：對待顧客，絕不可有差別待遇，對本國客人與外國客人的服務及態度，應能一視同仁，予以勤快熱忱的服務，以避免給人冷漠的印象。

3. 同事相處：除對外講求禮儀，同事間的和氣相處，愉快的工作氣氛，也是使大家「樂在工作」的重要因素；故平日同事間應有的禮貌招呼，亦不可省。虛心求教，認真學習工作及生活體驗，更是新進員工應有的心理準備。

（二）笑容表情

  笑容是國際語言，它不但能帶動氣氛，亦是化解冷場或誤會的最佳緩和劑；在服務業中，面帶笑容更是面對顧客時最基本的禮貌；故擁有真誠美好的笑容，是學習禮儀的第一步。請注意下列重點（圖 10-9）：

1. 隨時保持微笑，即使單獨一人時亦同，要使微笑成為習慣。

2. 說話時要面帶笑容，且講話聲音要有精神。

3. 眼睛亦要帶笑意，即使嘴唇不動，也要能從眼神傳達善意。

4. 除訓練課程一同演練外，平日應自行面對鏡子，找出最完美的微笑及笑容表情，常做練習，使之成為習慣。

圖10-9　笑容是國際語言，它不但能帶動氣氛，亦是化解冷場或誤會的最佳緩和劑

（三）站姿

站立時，保持端正的姿勢，是予人專業形象的第一步，站立亦是其他姿勢的動作基礎。

（四）行禮

行禮，是服務業中最常用到，也是最必要學習的動作，遇到顧客、上司、或與人招呼、道別時，隨時有機會應用；正確一致的行禮姿勢，是獲得外界好感的重要因素之一，故不可不重視，應要雙腳併攏，將上身徐徐往前傾 30 度左右後，稍作停頓再起身，行禮時，頭與身體須保持一直線，視線由上自然落下；平時請配合招呼話語，自行練習。男性應雙手自然放於身體兩側。女性雙手輕放於腹部，即維持正確站立姿勢作行禮動作。

（五）引導姿勢

於飯店中，經常有機會遇到顧客詢問設備的位置，故在指出正確方向或引導顧客前往的時候，便須配合正確的姿勢和話語，以協助顧客。引導時維持站立姿勢，雙腳併攏，身體微向前傾，以右手或左手掌併攏傾斜 45 度，手臂向前，指示前進方向或指向正確位置。若是引導客人至定位，則應走在來賓的右前或左前方，並且配合來賓的速度，調度步伐的快慢，並於引導行進時，配合適當的話語。

（六）應對能力培養

平日與顧客應對，較常遇到的情形，應配合動作及話語進行演練。

三、房務員服務指標

房務人員除了一般的服務項目外，還應留意自身的行為及儀態，並提供良好的溝通及臨時應變能力，細心解決問題，其服務指標如下：

1. 行為規範：行為指標。
2. 立即打招呼：尊稱呼客人的姓氏或職稱。
3. 時效性：十分鐘以內送達備品。
4. 多選擇性：產品可依客人需求調整。
5. 預期性：自動補給備品。
6. 溝通性：良好語言能力溝通技巧。
7. 館內促銷技巧：one-stop service。
8. 解決問題：聆聽、處理、追蹤。
9. 細心：建立客人習性表。

四、顧客滿意度

顧客對於旅館的滿意度主要表現在以下幾個部門：

1. 房務部：報到、退房、訂房、價格內容、品牌口碑等服務。
2. 餐飲部：餐飲品質、櫃檯、整體清潔、安全衛生等服務。
3. 客房部：設施、客房品質、服務人員水準、建築及大廳空間感受、客房空間感受、客房浴室、客房舒適等部分。故利用飯店內各項軟硬體與人員來提供顧客不同的服務，持續與顧客保持關係，使顧客有被重視的感覺，以提昇顧客的忠誠度。

而旅館依據顧客的消費者行為訂定標準化的顧客服務程序，以及旅館從作業面為員工設計的一套標準作業程序，讓工作流程的設計、職責的分工、人員的輪調等皆具有協調性，以提昇員工的忠誠度與向心力，進而提昇旅館的服務品質。

另外，為能深入顧客的心，以及獲取有效的資料而規劃新的市場行銷策略，因此可針對消費優惠、合理費用、套組及便利行程等方式，找出有效的銷售管道來吸引顧客消費，這些也是加強顧客滿意度的手法。

顧客滿意度是服務業最基本，也是最具營運影響性的標準，其旅館的聲譽、房價、預約時等候時間、床鋪、房間裡的裝潢擺設、電器設備正常與否、以及旅館的周遭環境，都列爲旅館的基礎服務項目。

而舒適的旅館房間、可使用的休閒設施、乾淨的床單和毛巾、優秀的工作人員能力以及便利的交通，亦能帶給服務品質加分效果。旅館的氣氛、安靜的房間，以及消費需求的細節，則是服務的關鍵，另外，若旅館使用綠色能源，則是一種加值的形象建立。以上的這些因素，皆會影響顧客對於旅館服務的滿意度。

五、服務偶發事項

提供服務時，經常會遇到來自各地有各種不同習性的客人，有時會有偶發狀況，因此一再的考驗服務人員的耐心及應變能力，面對偶發事件時，應留意以下事項：

1. 在潔房的過程中，客人跑來詢問客房內設備使用的問題，例如：電視頻道的轉換、馬桶阻塞的問題、空調等等。
2. 當客人要求房務員進入房間內做整理的工作時，客人主動與房務員交談。
3. 當客人故意把房間內設備移位，或者把床搬到地上時，房務員必須花很多時間恢復原狀。
4. 當客人的房內具有濃厚煙味時，潔房前必須先打開窗戶使其空氣流通。
5. 當客人在房內舉行派對、攜帶外食，使地板或地毯留下髒東西，此時需要房務員做事先的處理。
6. 當客人將房內所有備品一掃而空時，房務員必須花更多的時間補齊所有備品且來回備品車數趟。
7. 當舖床時發現有汙點的新床單，則須立即更換另一條新床單。
8. 在潔房的時間有親朋好友打電話來的時候。
9. 當房務員身體不適，或精神不集中的時候。
10. 當房務部有重要事故需找房務員時。
11. 房務員到其他樓層進行潔房時所需跑樓及拿鑰匙的時間。
12. 當房務員不小心打破杯子，則需要回到房務辦公室補回新的杯子。

六、房務常見抱怨問題

房務人員提供完善的服務，但在繁瑣的過程中，難免有一些疏忽，常見的問題如下，房務人員應更加留意。

1. 房務員的服務態度問題，例如：與客人接觸的那一刻是否親切有禮。
2. 潔房的品質問題，例如：床單是否有明顯汙點、毛髮。
3. 房間設備問題，例如：空調所發出的聲音、浴室盥洗設備、電視螢幕。
4. 房內的備品，例如：開水的品質不佳、茶包的提供不齊全。
5. 空氣問題，例如：菸味太濃、尿騷味。

 客房沙龍

迪士尼式管理

在迪士尼將其經營標準程序簡易化後，又設計出多項迪士尼人才課程核心主題如：高品質服務、最佳領導力、人力資源管理、品牌忠誠度、創意等。

課程內容豐富，包含卓越領導 (Leadership Excellence)、人才管理 (People Management)、優質服務 (Quality Service)、品牌忠誠 (BrandLoyalty)、創意激發 (InspiringCreativity)、卓越經營 (BusinessManagement) 等課程，廣泛適用於產、官、學等各領域，更提供醫療經營 (Business Excellence forHealthcare Professionals) 課程予特殊專業人士。

 客房小達人

1. ＿＿＿＿＿＿為旅館的重要設施之一，其所占空間比例最高，是住客活動的主要區域。

2. 旅館每層樓均須有合乎法規的＿＿＿＿＿＿，以及隱藏式監視器，使住客享有安全的居住環境。

3. 客房首重＿＿＿＿＿＿，要留意不能有視線所不能及的死角。

4. ＿＿＿＿＿＿是一個旅館所能夠進行有效的服務操作及活動的能源。

5. ＿＿＿＿＿＿是指隨著商品的出售，旅館向顧客提供的各種附加服務。

1. 旅館客房管理包括客務及房務,是旅館裡外的重要角色。

2. 客房的服務項目必須齊全配套,各種服務必須迅速及時。

3. 客房部的設置和招待組一樣,應從旅館的規模大小、經營狀況、發展計劃等實際情況進行合理設置,其責任分工及服務目標,除了求人員精簡外,應考量高效率,不要因為過份簡化,而出現應有職能缺位的現象。

4. 一般客房的建築面積一般占總體建築面積的60%～70%。

5. 客房的收入十分可觀,通常占旅館全部營業收人的40%～60%。

6. 服務最重要是如何讓顧客積極地參與過程,而顧客的知識、經驗、動機等,對服務績效有莫大的影響。

7. 服務能量是一個旅館所能夠進行有效的服務操作及活動的能源。

8. 服務管理可以採取分散需求、調整服務能量、讓顧客等待等三種策略。

9. 服務價值是指隨著商品的出售,旅館向顧客提供的各種附加服務,包括商品說明、保證、服務、品質所產生的價值。

10. 顧客滿意度是服務業最基本,也是最具營運影響性的標準,其旅館的聲譽、房價、預約時等候時間、床鋪、房間裡的裝潢擺設、電器設備正常與否、以及旅館的周遭環境,都列為旅館的基礎服務項目。

new york

paris

tokyo

bangkok

附 錄

客房小達人解答

圖片來源

客房小達人解答

CH1

第19頁
1.經過政府核准
2.服務性、地區性、公用性
3.人力、資金
4.人事成本、能源成本
5.社會、政治法令

第25頁
1.資本
2.連鎖
3.SARS

第30頁
1.綜合性、多角化
2.精緻化
3.旅館
4.民宿
5.汽車旅館

第36頁
1.服務
2.質變
3.非旅館型態
4.短期住宿、長期住宿、半長期住宿
5.都會、商務、旅遊休閒

CH2

第44頁
1.客務部
2.客房
3.房務部
4.客務部
5.反覆練習

第49頁
1.屬性、需求、用途
2.公寓式套房、總統套房
3.單人房、單床雙人房、雙床雙人房、經濟雙人房、標準雙人房、特大雙人床、三人房
4.歐洲式計價、美國式計價、修正美國式計價、大陸式計價、百慕達式計價
5.標準價、假日價、平日價、團體價

第59頁
1.服務
2.一視同仁
3.笑容
4.久候、重覆問話、對答不得要領
5.二聲接起、切合內容、隨時記錄

CH3

第64頁
1.接待組
2.服務中心
3.總機
4.訂房組
5.訂房組

第66頁
1.客務部
2.行李服務員、駕駛員、司門員
3.櫃台、總機、機場
4.反覆練習
5.專業能力、服務技巧

第71頁
1.周到的服務
2.電子郵件、即時通訊軟體、電話
3.微笑點頭
4.舒適安全
5.熱情、親切、禮貌

CH4

第77頁
1.櫃檯人員
2.形象、儀態、服務、接待
3.93%
4.禮貌用語
5.櫃檯人員

第84頁
1.服務組、訂房組、Housekeeping、餐飲部
2.遷出
3.AMERICAN EXPRESS、VISA、MASTER CHARGE、聯合信用卡、JCB、DINERS CLUB
4.姓名、住宿天數、房間型態、房價
5.櫃檯接待

第87頁
1.臨時續住、忘記退房、保密住宿
2.續住
3.喜歡傾聽和了解別人、喜歡幫助他人解決困擾、關心他人勝過自己
4.預訂
5.保密機制

CH5

第95頁
1.總機
2.人格特質
3.請稍等一下、謝謝、對不起
4.機靈Tact、時機Timing、同理心Tolerance
5.二聲、三秒鐘

第101頁
1.旅館、顧客
2.傾聽、處理
3.姓名、房號
4.問候、了解對象、請示並轉接
5.櫃檯

CH6

第107頁
1.接待組、服務組、房管部、餐飲部
2.網路訂房、電話訂房
3.旅客姓名、聯絡方式、入住日期、住宿人數
4.格局、房價
5.應變

第117頁
1.客房
2.預付訂金
3.一成／（10%）
4.姓名、單位、職稱、聯絡電話、聯絡人
5.團體訂房

第120頁
1.客物遺失
2.每兩個月
3.情報
4.記錄、解決、檢討
5.事後檢討

CH7

第133頁
1.行李服務員、駕駛員、司門員、機場接待員
2.以客為尊
3.搬運行李、引導旅客
4.易燃品、爆炸品
5.行李員

第137頁
1.行車前檢查
2.十分鐘
3.充足的睡眠
4.保持距離
5.輪胎、燈光、雨刷、油錶、煞車器、方向盤、機油、水箱

第140頁

1.司門
2.職稱頭銜
3.紅磚人行道
4.司門
5.維護安全

第144頁

1.20至30
2.1個
3.機票、護照、行李件數
4.客房部接待組
5.抵達班機時間、接載人數、車型、牌照號碼、駕駛人姓名

CH8

第157頁

1.房務組、公清組、管衣組
2.客房、走道、公共區域
3.客房、無形
4.體力
5.垃圾清理、浴室清理、整理房間、清潔地毯

第163頁

1.備品
2.客房
3.打掃
4.房務員
5.名牌

CH9

第169頁

1.客房
2.請勿打擾
3.housekeeping／整理房間
4.住客服務卡
5.房務

第174頁

1.每日清潔、每週保養、雙週保養、每月保養
2.公清組
3.迅速、正確、熟練
4.碳酸鈣粉
5.半小時內

第181頁

1.洗衣房
2.標準作業
3.洗場、燙場、平燙場、收付
4.分類、洗滌、脫水、烘乾
5.沖洗、洗濯、漂白、清洗、酸洗

CH10

第189頁

1.房務
2.布局、裝修
3.實事求是、精簡高效、分工明確
4.60～70%
5.40～60%

第193頁

1.單人、雙人、三人、套房、連結房、總統套房、日式用房
2.浴室、客廳、化妝室、浴廁間
3.請勿打擾
4.安全性
5.70

第200頁

1.客房
2.消防設備
3.安全性
4.服務能量
5.服務價值

圖片來源

CH1
圖1-1 作者提供
圖1-2 作者提供
圖1-3 出版社提供
圖1-4 作者提供
圖1-5 作者提供
圖1-6 作者提供
圖1-7 嘉義大學提供
圖1-8 作者提供
圖1-9 作者提供
圖1-10 作者提供
圖1-11 作者提供
圖1-12 作者提供
圖1-13 作者提供
圖1-14 作者提供
圖1-15 出版社提供

CH2
圖2-1 作者提供
圖2-2 出版社提供
圖2-3 Have a nice day Photo
圖2-4 作者提供
圖2-5 作者提供
圖2-6 出版社提供
圖2-7 作者提供
圖2-8 作者提供
圖2-9 作者提供
圖2-10 作者提供
圖2-11 作者提供
圖2-12 作者提供
圖2-13 作者提供
圖2-14 出版社提供
圖2-15 出版社提供
圖2-16 作者提供
圖2-17 出版社提供
圖2-18 作者提供

CH3
圖3-1 作者提供
圖3-2 作者提供
圖3-3 pxhere
圖3-4 出版社提供
圖3-5 出版社提供
圖3-6 作者提供
圖3-7 作者提供
圖3-8 出版社提供
圖3-9 作者提供
圖3-10 TrustYou研究調查數據
圖3-11 TrustYou研究調查數據

CH4
圖4-1 出版社提供
圖4-2 出版社提供
圖4-3 出版社提供
圖4-4 出版社提供
圖4-5 出版社提供
圖4-6 出版社提供
圖4-7 作者提供
圖4-8 作者提供
圖4-9 作者提供

CH5
圖5-1 作者提供
圖5-2 出版社提供
圖5-3 作者提供
圖5-4 出版社提供
圖5-5 出版社提供
圖5-6 出版社提供
圖5-7 出版社提供

CH6
圖6-1 作者提供
圖6-2 作者提供
圖6-3 作者提供
圖6-4 作者提供
圖6-5 作者提供
圖6-6 作者提供

圖6-7 作者提供
圖6-8 作者提供
圖6-9 作者提供
圖6-10 作者提供
圖6-11 出版社提供

CH7

圖7-1 出版社提供
圖7-2 出版社提供
圖7-3 出版社提供
圖7-4 出版社提供
圖7-5 作者提供
圖7-6 作者提供
圖7-7 作者提供
圖7-8 作者提供
圖7-9 作者提供
圖7-10 作者提供
圖7-11 Motortion Films
圖7-12 Corepics VOF
圖7-13 Dragon Images
圖7-14 作者提供

CH8

圖8-1 出版社提供
圖8-2 出版社提供
圖8-3 Yindee
圖8-4 作者提供
圖8-5 出版社提供
圖8-6 出版社提供
圖8-7 作者提供
圖8-8 作者提供
圖8-9 tele52
圖8-10 出版社提供
圖8-11 出版社提供
圖8-12 出版社提供
圖8-13 作者提供
圖8-14 作者提供

CH9

圖9-1 作者提供
圖9-2 作者提供
圖9-3 作者提供
圖9-4 出版社提供
圖9-5 作者提供
圖9-6 作者提供
圖9-7 作者提供
圖9-8 作者提供
圖9-9 出版社提供
圖9-10 出版社提供

CH10

圖10-1 作者提供
圖10-2 作者提供
圖10-3 作者提供
圖10-4 出版社提供
圖10-5 出版社提供
圖10-6 作者提供
圖10-7 出版社提供
圖10-8 作者提供
圖10-9 作者提供

客房管理與實務

作　　　者　曾慶欑

發 行 人　陳本源

執行編輯　卓明萱

封面設計　曾霈宗

出 版 者　全華圖書股份有限公司

郵政帳號　0100836-1號

印 刷 者　宏懋打字印刷股份有限公司

圖書編號　08284

初版一刷　2019年6月

定　　　價　新臺幣390元

I S B N　978-986-503-051-3

全華圖書 / www.chwa.com.tw

全華網路書店Open Tech / www.opentech.com.tw

若您對書籍內容、排版印刷有任何問題，歡迎來信指導book@chwa.com.tw

臺北總公司（北區營業處）

地址：23671新北市土城區忠義路21號

電話：(02) 2262-5666

傳真：(02) 6637-3695、6637-3696

南區營業處

地址：80769高雄市三民區應安街12號

電話：(07) 381-1377

傳真：(07) 862-5562

中區營業處

地址：40256臺中市南區樹義一巷26號

電話：(04) 2261-8485

傳真：(04) 3600-9806

第一章　認識旅館產業

班級：＿＿＿＿＿學號：＿＿＿＿

姓名：＿＿＿＿＿＿＿＿＿＿

客房沙龍

經營旅館就像辦雜誌 （課本第18頁）

1　請試討論岩佐十良經營旅館的訣竅。

_____

_____

_____

2　2019 年是台灣「地方創生元年」，請試討論岩佐十良經營的旅館與地方創生的關聯性。

_____

_____

_____

閒置空間活化 （課本第25頁）

1　請觀察現有市場，提出一間以閒置空間改建為旅館的經營模式。

_____

_____

_____

2　旅館建置在國立大學附近，是否帶來附近居民的生態與生活的影響。

_____

_____

_____

超出客人所需的服務 (課本第29頁)

1 你認為旅館的全套服務，在設施及服務內容上應該具備哪些基礎項目？

_____

_____

_____

2 若客房內冷氣滴水，客人半夜不小心摔跤，你會如何處理？才能達到超出客人想像及所需的服務內容。

_____

_____

_____

新奇的住宿方式——露營車 (課本第36頁)

1 去旅行你通常會選擇哪一種住宿型態。

_____

_____

_____

2 你參加過飯店式露營嗎？請分享你的體驗，或者上網尋找飯店式露營的特色或案列分享？

_____

_____

_____

問題與討論

1. 請簡述旅館的功能？

_____

_____

_____

2. 請列舉你所熟知的一家旅館，歸納其類型及說明其主要產品服務。

_____

_____

_____

3. 走進一家旅館，你首先會注意到的部分是什麼？

_____

_____

_____

4. 除了課文所列的旅館類型外，你對於臺灣哪些旅館印象特別深刻，為什麼？

_____

_____

_____

5. 你對於哪一種類型的旅館經營最感興趣？如果你身為它的工作人員，你期望能
   帶給顧客什麼樣的感受？

_____

_____

_____

選擇題

( ) 1. 所謂旅館是公開的是接待旅行者或外出者，向被服務的人收取金錢的一種機構，它與一般服務業不同，它強調？(1) 公共性　(2) 私密性　(3) 隱敝性　(4) 多樣性。

( ) 2. 旅館有著商品及什麼特性，其特性影響著旅館的經營？(1) 多元特性　(2) 獨特性　(3) 經濟特性　(4) 複雜特性。

( ) 3. 旅館是什麼產業，需擁有完善設備並經過政府核准的建築，且要為旅客提供娛樂的設施，住宿和餐飲的服務？(1) 創意的　(2) 多變的　(3) 營利的　(4) 公益的。

( ) 4. 旅館是什麼樣的服務產業，亦是人力與資金密集的產業，它多樣化且具多種層面問題及影響？(1) 情緒性的　(2) 善變性的　(3) 私密性的　(4) 多元性的。

( ) 5. 旅館的不可儲存性、僵固性、高成本、無形性、長期性、競爭性、地理性、風險性是旅館的？(1) 商品特性　(2) 善變性的　(3) 私密性的　(4) 多元性的。

( ) 6. 以下什麼地方是住宿、餐飲、會議宴會的場所，同時也提供購物、娛樂設施、健康中心功能？(1) 旅館　(2) 圖書館　(3) 餐廳　(4) 活動中心

( ) 7. 針對短期出差工作或在外地工作的人，在最符合經濟效益的情況下，提供休息的場所，是什麼類型的旅館？(1) 休閒度假旅館　(2) 民宿　(3) 商務旅館　(4) 汽車旅館

( ) 8. 遠離市區，以健康休閒為目的的旅館，主要為融合當地的自然景觀與人文風俗，以滿足顧客休閒度假的需求？(1) 商務旅館　(2) 民宿　(3) 休閒度假旅館　(4) 汽車旅館

( ) 9. 因為週休二日的實施，它結合當地人文、自然景觀、生態、農林漁牧活動，以家庭經營的形式，提供旅客鄉野生活的住宿場所，是什麼類型的旅館？ (1) 商務旅館　(2) 民宿　(3) 休閒度假旅館　(4) 汽車旅館

( )10. 為臺灣特別的一項旅館產業，以娛樂性質為主，可以把車開進去的住宿空間，是什麼類型的旅館？(1) 商務旅館　(2) 民宿　(3) 休閒度假旅館　(4) 汽車旅館

第二章　客務概論

客房沙龍

節能型旅館 (課本第44頁)

1 你認為節約型酒店的問題和困難在哪裡？

_____

_____

_____

2 節約型旅館可以從哪方面做起？

_____

_____

_____

你一定要知道的旅館的12項隱藏費用 (課本第48頁)

1 不想到退房時看到帳單嚇一跳，可以如何避免？

_____

_____

_____

2 為何旅館要收取消預定費用？

_____

_____

_____

散客抱怨處理小秘訣 (課本第59頁)

1 若你未來遇到旅客抱怨問題，將會如何處理？

_____

_____

_____

2 請說明處理抱怨的基本原則。

_____

_____

_____

問題與討論

1. 請簡述身為客務服務人員應有的職責。

_____

_____

_____

2. 請說明客訴抱怨處理的流程為何？

_____

_____

_____

3. 服務品質是服務業的重要議題，請簡述如果你身爲一個服務人員，會如何對待你的顧客、維持服務品質？

_____

_____

_____

4. 你認爲具備哪些人格特質及價值觀的人較適合進入服務業？

_____

_____

_____

5. 你有過等待而導致不耐煩的經驗嗎？如果你是旅館的服務人員，會如何處理？

_____

_____

_____

選擇題

(　) 1. 什麼是旅館供客人住宿及休憩的空間，會根據不同的客人屬性、需求、用途，提供不同類型的？(1) 客房　(2) 圖書館　(3) 餐廳　(4) 活動中心

(　) 2. 主要供大公司派出人員租用，租用時間一般較長，故需要有一個偶爾做飯的廚房，這是什麼類型的客房？(1) 公寓式客房　(2) 商務型客房　(3) 總統套房　(4) 一般客房

(　) 3. 房租內包括早餐在內之計價方式，是什麼計價方式？(1) 歐洲式計價　(2) 美國式計價　(3) 大陸式計價　(4) 百慕達式計價

(　) 4. 超過 16 人或 8 間房間均可用團體價計之，是什麼樣的計價方式？(1) 特別價　(2) 個別價　(3) 團體價　(4) 標林價

(　) 5. 旅客比休假期間少，故旅館視狀況給予 8 ～ 9 折的折扣，這是什麼計價方式？　(1) 特別價 (2) 平日價　(3) 團體價　(4) 標準價

(　) 6. 對待顧客，絕不可有差別待遇，對本國客人與外國客人的服務及態度要一致，這是什麼樣的服務態度？(1) 一視同仁的服務　(2) 差別服務　(3) 他國服務　(4) 特別服務

(　) 7. 什麼是國際語言，它不但能帶動氣氛，亦是化解冷場或誤會的最佳緩和劑，且是服務業最重要的元素？(1) 公平　(2) 笑容　(3) 理論　(4) 數理

(　) 8. 什麼動作是服務業中最常用到，也是最必要學習的動作，遇到顧客、上司、或與人招呼、道別時，隨時有機會應用？(1) 丟筆　(2) 勝利的手勢比 YA　(3) 行禮　(4) 加油

(　) 9. 在旅館中，經常有機會遇到顧客詢問設備的位置，故在指出正確方向或指引顧客前往的時候，便須配合正確的什麼姿勢以協助顧客？(1) 丟筆姿勢　(2) 勝利的手勢比 YA　(3) 引導姿勢　(4) 加油姿勢

(　)10. 下列哪一個不是接聽電話的三大要領？(1) 二聲接起　(2) 切合內容 (3) 隨時記錄　(4) 顧左右而言它

第三章 客務服務

班級： _____ 學號： _____

姓名： _____

選擇題

( ) 1. 哪一組別負責辦理訂房事宜及訂房確認，旅遊界的業務連繫、佣金的核對、信函及電話回覆事項、客房業務策劃、推廣、協調及資料管理事項？(1) 接待組　(2) 救援小組　(3) 公清組　(4) 會計組

( ) 2. 哪一單位負責行李運送服務，車站、機場接送服務，代購服務，行李寄存服務，物件、信件的傳送服務？(1) 接待組　(2) 救援小組　(3) 公清組　(4) 服務中心

( ) 3. 哪一部門的工作包括電話接聽、轉接、處理客人留言、客訴、設定晨間喚醒，以及維護總機設備確保正常運作？(1) 接待組　(2) 救援小組　(3) 公清組　(4) 總機

( ) 4. 哪一組須接受散客、公司行號、旅行社、團體等訂房，其訂房方式有電話、傳真、網路等訂房方式？(1) 接待組　(2) 訂房組　(3) 公清組　(4) 總機

( ) 5. 哪一部門部是旅館的精神中樞，與各部門有著密切的連結，舉凡客人服務或抱怨處理等大小事項，都是由何者進行把關？(1) 交通部　(2) 餐廳部　(3) 客務部　(4) 房務部

( ) 6. 櫃檯通常是哪一部門部所有活動的焦點，位於旅館大堂的顯眼位置？(1) 客務部　(2) 房務部 (3) 交通部 (4) 餐飲部

( ) 7. 哪一部門各組相關人員在接待旅客遷入遷出時，應注意表現友善的態度，並迅速確實提供旅客詳細的資料，為提供旅客滿意的服務？(1) 房務部　(2) 客務部　(3) 交通部　(4) 餐飲部

( ) 8. 哪一組又分為櫃檯、總機及機場接待三個單位？(1) 公清組　(2) 房務組　(3) 總機小組　(4) 接待組

( ) 9. 哪一組包括行李服務員、駕駛員及司門員？(1) 公清組　(2) 房務組　(3) 接待組　(4) 服務組

( )10. 旅客來到櫃檯辦理入住登記，接受分配好的客房，詢問有關服務、設施，最先接洽到哪一部門的服務人員？(1) 交通部　(2) 房務部　(3) 客務部　(4) 餐飲部

問題與討論

1. 請簡述客務部的職責與定位。

_____

_____

_____

2. 請簡述櫃台工作內容與特性？

_____

_____

_____

3. 請說出客務部門的工作特質？

_____

_____

_____

4. 請簡述客務人員的素質？

_____

_____

_____

5. 請說明客務溝通的態度？

_____

_____

_____

第四章　接待組（櫃檯接待）

選擇題

（　）1. 下列何者不是櫃檯接待四守則？(1) 嚴肅　(2) 服務　(3) 接待　(4) 儀態

（　）2. 下列何者跟服務形象無關？(1) 肢體動作　(2) 打扮　(3) 聲調　(4) 個性

（　）3. 什麼是一種尊重他人的具體展現，也是友好關係的敲門磚？(1) 講道理　(2) 送禮物　(3) 禮貌用語　(4) 有個性

（　）4. 下列何者不是旅館櫃檯服務要素？(1) 用心的服務　(2) 用心的態度　(3) 用心的化妝　(4) 用心的言詞

（　）5. 下列何者不是旅館櫃檯的工作技能？(1) 熟悉訂房系統作業操作　(2) 辦理住房與退房的登記　(3) 客戶問題的解決及解答　(4) 清潔能力

（　）6. 哪一部門的工作內容有負責辦理客房租售及調度、管理客房鑰匙、旅客登記、接受旅客訂房與記錄？(1) 櫃檯接待　(2) 機場接待　(3) 餐廳接待　(4) 房務人員

（　）7. 下列哪一工作不是櫃檯的職責？(1) 旅館內外清掃　(2) 製作及控制客房之鑰匙　(3) 接待貴賓及聯絡有關部門　(4) 工商服務及觀光詢問

（　）8. 下列哪一工作是櫃檯的職責？(1) 旅館內外清掃　(2) 備餐　(3) 安排與調度客房之出售　(4) 幫忙提行李

（　）9. 確認客人要訂房後，迅速找出訂房資料，並與客人確定訂單上的姓名、住宿天數、房間型態、房價，以及其他旅客應注意事項，這是哪一階段的作業？(1) 承保作業　(2) 行前作業　(3) 回家作業　(4) 前檯作業

（　）10. 確認客人要訂房後，下列哪個不是櫃檯人員應做的？(1) 迅速找出訂房資料　(2) 詢問客人之星座　(3) 確定訂單上的姓名　(4) 確定房間型態

問題與討論

1. 請簡述櫃檯接待的四守則。

2. 請簡述旅館禮貌常用語有哪些？

3. 請說出旅館櫃檯服務要領？

4. 請問櫃檯常出現的狀況與困擾有哪些？

5. 請說明旅館櫃檯常見的工作？

第五章 接待組（總機接待）

班級：＿＿＿＿　學號：＿＿＿＿

姓名：＿＿＿＿＿＿＿＿

選擇題

（　）1. 旅館的什麼職務是一種用聲音做好貼心服務的工作？(1) 總機　(2) 機場接待　(3) 餐廳人員　(4) 房務人員

（　）2. 總機工作除了知識及技巧外，其什麼條件也是相當重要的？(1) 長相特質　(2) 身材　(3) 家世背景　(4) 人格特質

（　）3. 下列何者不是總機工作的內容？(1 溫馨 (2) 熱情　(3) 察覺客人的異樣　(4) 探聽消息

（　）4. 總機接聽電話時，不應？(1) 溫馨　(2) 熱情　(3) 吃東西　(4) 親切

（　）5. 下列何者不是接電話前的準備？(1) 答覆態度負責　(2) 吃東西　(3) 傾聽並且熱忱服務　(4) 親切溫和有禮貌

（　）6. 什麼工作是旅館與顧客互動的第一線？(1) 總機　(2) 房務　(3) 廚師　(4) 總經理

（　）7. 何者不是接電話應注意的？(1) 鈴聲三響前接電話　(2) 將耳機拿好再按入線路，以防客人聽到刺耳雜音　(3) 注意電話禮貌，口齒清晰，聲調柔和，語音親切　(4) 快速結束對話

（　）8. 何者不是接電話應注意的？(1) 鈴聲三響前接電話　(2) 將耳機拿好再按入線路，以防客人聽到刺耳雜音　(3) 注意電話禮貌，口齒清晰，聲調柔和，語音親切　(4) 同時有多條線路進來時

（　）9. 下列何者不是處理高級主管電話應有的步驟？　(1) 問好　(2) 了解對象　(3) 請示　(4) 馬上轉接給主管

（　）10. 下列何者不是處理抱怨電話應有的步驟？(1) 傾聽　(2) 了解問題　(3) 迅速掛電話 (4) 呈報

問題與討論

1. 請說明總機常見工作與電話禮儀。

_____

_____

_____

2. 請說明總機對旅館的重要性？

_____

_____

_____

3. 請列舉總機接電話時的自我檢查要項？

_____

_____

_____

4. 請問總機撥電話前應做哪些準備？

_____

_____

_____

5. 請說明處理申訴抱怨電話的步驟？

_____

_____

_____

第六章 接待組（機場接待）

班級：＿＿＿＿ 學號：＿＿＿

姓名：＿＿＿＿＿＿＿＿

選擇題

(   ) 1. 哪個單位常是旅客會接觸到的第一個旅館服務，決定客人是否決定消費，所以其服務品質對旅館的業務和客人滿意度影響甚大？(1) 訂房單位　(2) 房務單位　(3) 廚房單位　(4) 總經理

(   ) 2. 當旅客來電詢問訂房事宜時，訂房員除了做好訂房動作及取得資料，哪些是不需要的？(1) 旅客姓名　(2) 旅客聯絡方式　(3) 入住日期　(4) 同住者為男或女

(   ) 3. 哪個單位必須非常了解各種房型的空間、格局、設備、房價及目前優惠狀態？(1) 訂房單位　(2) 房務單位　(3) 廚房單位　(4) 總經理

(   ) 4. 哪個是訂房人員應具備的？　(1) 板起臉孔　(2) 大聲講話　(3) 一律說不知道　(4) 起身問好

(   ) 5. 哪個是訂房人員不需具備的？(1) 親切有禮　(2) 好的儀態　(3) 愛撒嬌　(4) 起身問好

(   ) 6. 哪一種訂房，以郵寄或 FAX 為之；此種系列訂房，出團日期較固定，但團體房間數變動或取消率較高？(1) 旅行社訂房　(2) 個別訂房　(3) 優惠訂房　(4) 貴賓訂房

(   ) 7. 下列何者不是訂房所需處理的？(1) 到達日期　(2) 離開日期　(3) 房間數　(4) 身分

(   ) 8. 旅館給予佣金給付標準為何？(1) 訂價之 3%　(2) 訂價之 30%　(3) 訂價之 20%　(4) 訂價之 10%

(   ) 9. 下列何者不是收取訂金之原因？(1) 客人自願預付以確保訂房　(2) 外國人　(3) 客滿日子，要求預付訂金以精準控制房間數　(4) 較少往來之旅行社或財務信用不佳之公司，依例不准簽帳

(   )10. 下列何者不是訂房步驟？(1) 接起電話，報公司、單位、及問好。　(2) 問明住宿日期及房間種類。　(3) 了解國籍　(4) 填寫訂房單，必要指定房號者，先做 BLOCK。

1.請說明常見的訂房方式。

2.請說明訂房組作業有哪些？

3.請說明客物遺失處理方式？

4.旅客抱怨處理原則爲何？請簡述？

5.旅客抱怨處理有哪七個步驟？

第七章　服務組工作

班級：＿＿＿＿　學號：＿＿＿＿

姓名：＿＿＿＿＿＿＿＿

選擇題

（　）1. 旅館的服務組不包含下列哪一人員？(1) 櫃檯人員　(2) 行李服務員　(3) 駕駛員　(4) 司門員

（　）2. 旅館的服務組人員的服務態度應？(1) 以客爲尊　(2) 公私分明　(3) 態度剛硬　(4) 慢條斯理

（　）3. 引導旅客至櫃檯辦理 Check in，搬運行李及引導旅客至房間，並介紹內部設備，是哪部門人員的責任？(1) 總經理　(2) 餐廳外場人員　(3) 房務員　(4) 行李員

（　）4. 若行李尚未整理，行李人員應該？(1) 幫忙整理　(2) 在房外等候或請客人稍等通知　(3) 拒絕服務　(4) 表達不悅

（　）5. 下列何者是行李員的態度？(1) 要求賞金或小費　(2) 盡量避免麻煩　(3) 務必歸還原主或交經理部門招領　(4) 浪費或偷取旅館之財物

（　）6. 旅館的司機不包含哪項工作？(1) 負責旅館與機場間之旅客運送　(2) 負責車輛之保管及養護工作　(3) 幫助旅客上、下行李　(4) 引導旅客至客房

（　）7. 旅館的司機應於多久時間前，將車停靠於門口適當位置，並下車等候客人。(1) 準時到　(2) 十分鐘前　(3) 一小時前　(4) 二小時前

（　）8. 下列何者非旅館司機的職責？(1) 嚴禁色情媒介，或做出違反公司規章的舉止　(2) 繞道行駛以免擔誤時間　(3) 依勤務表出車，不得任意私自選車　(4) 嚴禁喝酒如聚賭

（　）9. 下列何者非旅館司機的職責？(1) 嚴禁色情媒介，或做出違反公司規章的舉止　(2) 繞道行駛以免擔誤時間　(3) 依勤務表出車，不得任意私自選車　(4) 嚴禁喝酒如聚賭

（　）10. 行車中途如拋錨無法即時搶修時，應如何處理？(1) 發脾氣　(2) 幫旅客叫計程車　(3) 請旅客耐心等候　(4) 速電請公司派車支援

問題與討論

1. 請說明服務組之於旅館的重要性？

2. 行李服務員的工作任務有哪些？

3. 請說明客人不在場的換房作業該如何處理？

4. 請簡述行李員該有的禮節？

5. 請說明司門員迎賓的步驟。

第八章　房務概論

選擇題

(　) 1. 房務部的服務範圍，不包括下列何者？(1) 客房物品陳列整理　(2) 清潔客房　(3) 備品檢查　(4) 傳遞消息

(　) 2. 下列何者不是房務部組別？(1) 房務組　(2) 機場接待　(3) 公清組　(4) 管衣組

(　) 3. 下列何者不是房務人員的工作內容？(1) 熟知應打掃的房間數及客人特殊需求　(2) 幫旅客整理行李　(3) 領取當日整房樓層鑰匙　(4) 查飲料帳、填房間檢查、房間檢查表、檢查房間的基本原則

(　) 4. 下列何者是客房清潔打掃順序？(1) 垃圾清理→浴室清潔→整理房間→清潔地毯　(2) 清潔地毯→浴室清潔→整理房間→垃圾清理　(3) 垃圾清理→清潔地毯→整理房間→浴室清潔　(4) 整理房間→浴室清潔→清潔地毯→垃圾清理

(　) 5. 誰是旅館所有房間的家具、設備、物品及建築物等維護的管理員？(1) 房務人員　(2) 總經理　(3) 旅客　(4) 櫃檯人員

(　) 6. 旅館備品是服務加值的項目之一，何者應時時留意是否缺乏並補齊？(1) 房務人員　(2) 總經理　(3) 旅客　(4) 櫃檯人員

(　) 7. 房務人員打掃時不應？(1) 先瞭解房間狀況　(2) 養成敲門的習慣　(3) 留意備品缺乏並補齊　(4) 代為保管旅客遺留的物品

(　) 8. 下列何者不是房務人員的職責？(1) 房務人員應需佩戴名牌並穿著制服，以方便旅客辨識　(2) 幫忙旅客搬運行李　(3) 制服需隨時保持整齊、清潔、美觀，且隨時面帶微笑　(4) 和旅客或同事交談時音量應以能讓對方聽清楚為限

(　) 9. 下列何者不是房務人員應該做的？(1) 旅客忘了帶鑰匙，應幫忙開門　(2) 推工作車時要放慢速度，且注意行人，以免撞到旅客或物品　(3) 面對丟棄菸蒂或倒菸灰缸時，最應注意菸蒂是否已完全熄滅　(4) 旅客忘了帶鑰匙，應請旅客向櫃檯索取。

(　)10. 客房的清潔服務下列何者有誤？(1) 在擦拭傢俱物品時，乾布與濕布的交替使用要注意區分往來　(2) 推工作車時要放慢速度，且注意行人，以免撞到旅客或物品 (3) 應先抹拭傢俱，後鋪床　(4) 應先清理房間，其後再清理浴室

問題與討論

1. 請說明房務部組織與工作為何？

2. 請簡述房務人員的工作內容有哪些？

3. 房務工作範圍有哪些？請簡述？

4. 請簡述客房功能區分？

5. 請列出打掃前注意事項。

第九章 房務服務

選擇題

( ) 1. 旅館的什麼部門，不僅有客房清潔及住房品質維持的的功能，更是維護旅館對外形象的重要部門？(1) 房務部　(2) 客務部　(3) 會計部　(4) 行政部

( ) 2. 房務組的作業很多，常見的作業除了客房清理外，還有鋪床、開夜床，此外什麼業務的處理也是工作內容之一？(1) 餐點訂購　(2) 請勿打擾　(3) 行李整理　(4) 客訴

( ) 3. 下列何者不是房務組的工作內容？(1) 客房及衛浴的清潔打掃及保養工作　(2) 整理旅客行李　(3) 客房備品補給　(4) 維護樓層安全，留意有無可疑人物

( ) 4. 下列何者不是房務組的工作內容？(1) 客人考量環保因素，要求不需每日更換某些布巾應需配合　(2) 在整理房務中若遇旅客返房，應詢問旅客是否可以繼續整理　(3) 客人考量環保因素，要求不需每日更換某些布巾，爲衛生應極力勸導更換。　(4) 維護樓層安全，留意有無可疑人物

( ) 5. 下列何者有誤？(1) 服務時切勿翻看客人行李、或客人的文件、書籍等　(2) 客人考量環保因素，要求不需每日更換某些布巾應需配合　(3) 在整理房務中若遇旅客返房，應詢問旅客是否可以繼續整理　(4) 服務時應翻看客人行李、或客人的文件、書籍等，以防危險

( ) 6. 哪一組別在館內的勤務是相當廣闊的，清潔員所掌管的工作包括打掃公區廁所及維護整館公共區域的地面清潔？(1) 公清組　(2) 安全組　(3) 餐飲組　(4) 會計組

( ) 7. 下列何者不是地毯清潔正確方式？(1) 將地毯表層以吸塵器處理乾淨　(2) 使用漂白水去污效果比較好　(3) 灑上適量已稀釋過的噴霧式地毯清潔劑　(4) 以吸水器吸乾水份

( ) 8. 下列何者不是木質地板維護正確方式？(1) 用已稀釋的清潔劑擦拭地板　(2) 將地板掃乾淨　(3) 拖把沾水擦　(4) 若仍不夠清潔則再以打蠟機磨光

( ) 9. 下列何者不是公清組的工作？(1) 地毯清潔　(2) 公共區域清潔　(3) 旅客行李整理　(4) 電梯清潔

( )10. 下列何者不是公清組的工作職責？(1) 迅速正確而熟練的工作服務，以及親切得體的應對態度　(2) 維持全館環境整潔　(3) 每月保養計畫，各類消耗品及藥劑控管　(4) 旅客的行李保管以及整理

問題與討論

1. 請簡述旅館房務部的功能？

2. 請簡述房務組工作內容？

3. 請說明請勿打擾的處理？

4. 請說明清潔員應具備的基本條件？

5. 請說明洗衣組工作服務範圍。

第十章　客房的服務品質與管理

選擇題

（　）1. 下列服務原則何者有誤？(1) 客房部的設置和招待組一樣，應從旅館的規模大小、經營狀況、發展計劃等實際情況進行合理設置　(2) 應加速客房清掃程序，使客房快速周轉　(3) 客房部應向客人提供各類客房服務，但應尊重客人對客房的使用　(4) 應考量高效率及低成本，盡量簡化人事

（　）2. 下列服務原則何者有誤？(1) 實事求是　(2) 精簡高效　(3) 分工明確　(4) 盡量節省人事

（　）3. 一般客房的建築面積一般占總體建築面積的幾％？(1)60％～70％　(2)20％～30％　(3)10％～20％　(4)50％

（　）4. 旅館客房的特性何者有誤？(1) 客房部的服務與管理水平是提高旅館聲譽的重要條件　(2) 客房收入不是旅館營業收入主要來源　(3) 客房是帶動旅館一切經濟活動的樞紐　(4) 客房部擔負著管理旅館固定資產的重任

（　）5. 客房的收入十分可觀，通常占旅館全部營業收人的％？(1)10％　(2)20％　(3)40％～60％　(4)80％

（　）6. 客房的規劃原則，何者有誤？(1) 客房為旅館的重要設施之一，其所占空間比例最高　(2) 應加速客房清掃程序，使客房快速周轉　(3) 客房部向客人提供各類客房服務，應尊重客人對客房的使用　(4) 為有多餘的休閒空間，客房所占空間為旅館的一半

（　）7. 客房的規劃原則，何者有誤？(1) 客房為旅館的重要設施之一，其所占空間比例最高　(2) 是住客活動的主要區域，因此客房設計除了豪華精緻的考量以外，實用性亦為其重點　(3) 客房部向客人提供各類客房服務，應尊重客人對客房的使用　(4) 為增加營收，餐廳的空間應占旅館比例最高

（　）8. 客房的設計重點，何者有誤？(1) 首重配電管控制、房間控制系統、管道間的分配、隔音　(2) 為安全起見，應於客房內加裝監視器　(3) 考量電梯口出入位置等距分配，易於尋找客房房號　(4) 每層樓均須有合乎法規的消防設備，以及隱藏式監視器

（　）9. 下列何者不是客房的設計的考量重點？(1) 免干擾隔壁房客，也是影響旅客對於旅館觀 感的一大要點　(2) 衛浴設備設計，要求舒適乾爽，其未來維修考量也是一大關鍵　(3) 客房應加以裝飾、追求華麗　(4) 客房首重安全性，要留意不能有視線死角

（　）10. 床頭櫃最好高於床舖幾公分？　(1)100 公分　(2)20 公分　(3)10 公分　(4)3 公分

問題與討論

1. 請簡述旅館客房的基本提供？

2. 請簡述客房的服務原則？

3. 請說明客房的設計重點？

4.請說明服務管理可以採取哪三種策略？

5. 請說明服務的七大價值。